减糖健康餐

3日、5日、7日阶段瘦身食谱

好食课 著

重庆出版集团 重庆出版社

中文简体版通过成都天鸢文化传播有限公司代理，经常常生活文创股份有限公司授权北京乐律文化有限公司与重庆出版社出版中文简体字版本大陆独家出版发行，非经书面同意，不得以任何形式，任意重制转载。

版贸核渝字（2022）第275号

图书在版编目（CIP）数据

减糖健康餐：3日、5日、7日阶段瘦身食谱/好食课著. -- 重庆：重庆出版社，2023.3

ISBN 978-7-229-17476-7

Ⅰ. ①减… Ⅱ. ①好… Ⅲ. ①减肥—食谱 Ⅳ. ①TS972.161

中国国家版本馆CIP数据核字（2023）第013102号

减糖健康餐：3日、5日、7日阶段瘦身食谱

JIANTANG JIANKANG CAN: 3RI 5RI 7RI JIEDUAN SHOUSHEN SHIPU

好食课 著

出　　品：华章同人
出版监制：徐宪江　秦　琥
特约策划：乐律文化
责任编辑：肖　雪
特约编辑：曹福双
营销编辑：史青苗　刘晓艳
责任印制：杨　宁　白　珂
封面设计：MM末末美书 QQ:3218619296

重庆出版集团 重庆出版社 出版
（重庆市南岸区南滨路162号1幢）
三河市嘉科万达彩色印刷有限公司　印刷
重庆出版集团图书发行公司　发行
邮购电话：010-85869375
全国新华书店经销

开本：710mm×1000mm　1/16　印张：17.75　字数：170千
2023年3月第1版　2023年3月第1次印刷
定价：58.00元

如有印装质量问题，请致电023-61520678

作者序

低糖饮食轻松吃，
好食课带你无负担地迈向健康！

近几年，美食、甜点越来越多，精细食物盛行，外卖比例也逐年上升。许多人工作一忙，就忘了关注自己的饮食状况，常常随意买个盒饭，叫个外卖就算填饱肚子了，没节制地吃，加上不运动，身材渐渐走样，严重影响健康。好食课发现，其实有许多人想要减重，也想要改善健康状况，却不知道怎么踏出第一步。这些困扰，好食课帮你排除。

好食课是一支颇为接地气的专业营养师团队，有数百场面向运动教练、营养师和大众的营养讲座经验，同时也担任众多健身工作室、运动球队的健康顾问。好食课准确了解各年龄层消费者的需求，不仅传递知识，更擅长用简单、快捷的方式，帮您解决饮食营养上的问题。

对不知道如何开始改善饮食的您，我们推出了《减糖健康餐：3 日、5 日、7 日阶段瘦身食谱》，这是一本从食物分量计算，到教你如何选择食材、如何点餐的应用营养工具书。

本书以低糖概念贯穿始终，从实际应用角度出发，每种搭配、每个选择都出自营养师精准、细心的计算，为您配出生活化的饮食。好食课营养师带大家了解低糖饮食的特色与原理，让您跟着吃的同时，也让您习得更多的食材与营养知识。本书的一大特色是有完整的料理搭配，让您能以多元方式挑选自己喜欢的美味料理。书中也收录了好食课在讲座中常被询问的问题与饮食迷思。

在开始执行低糖饮食后，希望您能与朋友分享相关信息，跟着好食课一起轻松吃、开心瘦，拥抱健康的美好生活。

本书说明

- 本书中描述的1小匙为5毫升，1大匙为15毫升。
- 微波炉的加热时间以功率600瓦为基准。如果功率是500瓦，则将加热时间延长为1.2倍。
- 本书中使用的锅多为不粘锅。

目录

PART 1

为什么要减糖？营养师减糖饮食这样吃

PART 2

营养师点名！减糖好食材出列

PART 3

跟营养师日日减糖！减糖三餐这样吃

PART

1

为什么要减糖？营养师减糖饮食这样吃

有许多研究指出，摄取过多的精制糖，
会使肥胖激素暴增，容易让肥胖、糖尿病等代谢疾病找上门！
越来越多的饮食法都在提倡减糖，
为什么减糖这么流行？到底什么是减糖饮食？每日该吃多少糖才健康呢？

我们为什么要减糖（碳水化合物）？

减糖前，我们要先了解人体代谢跟碳水化合物的关系。当我们摄取糖之后，大部分糖会在消化吸收后形成葡萄糖，使血糖升高。人体内的胰岛素是一种帮助能量利用与储存，维持血液中葡萄糖浓度的重要激素，会帮助葡萄糖进入人体组织中被吸收利用，但同时也能将血液中多余的葡萄糖储存成肝糖原或脂肪，让血液中的葡萄糖维持在一定的浓度。

没被使用的葡萄糖就会转化成肝糖原，储存在肝脏中，不过，人体可以储存的肝糖原仅有400~500克，超过可储存的量时，**无处可去的血糖会转变为体脂肪储存在脂肪细胞中，以待未来遇到饥荒等能量来源不足时支援身体需求**。现实生活中，由于几乎不存在饥荒的可能，我们吃糖越多，脂肪堆积就越多，身材也就越来越走样了。

脂肪细胞不只是堆积脂肪与储存能量，还具有分泌发炎物质的能力。脂肪大量囤积的后果是，所分泌的发炎物质会让胰岛素的敏感性下降，甚至还会影响胰脏分泌胰岛素的能力。这样一来，血糖就容易上升，进而增加患糖尿病的风险，这也是2型糖尿病的主要病因。

减糖饮食 vs 均衡饮食

这里要给大家树立一个正确的观念，每一种饮食方式都有好有坏，要根据对象、目的而定，越极端的饮食法，如生酮饮食，就越有可能伴随其他健康风险。均衡饮食是最适合大众的饮食方式，但因为饮食习惯、地域环境等问题，我们吃到的碳水化合物以精制淀粉、糖居多，所以会衍生出许多健康问题。如果我们在生活中可以摄取足够的全谷杂粮，吃足够的蔬菜水果，那营养师会认为均衡饮食是最棒的饮食方式。若想减肥、预防心血管疾病，但生活中又没办法餐餐吃到全谷杂粮，那么适度地减少碳水化合物的减糖饮食也是不错的选择。

糖的种类傻傻分不清？

糖的种类，依照糖的结构分成单糖、双糖，以及由很多的单糖聚合在一起而形成的寡糖或多糖。我们平常吃的单糖或双糖有葡萄糖、蔗糖等。多糖类，又分为可消化性多糖和不可消化性多糖。淀粉等可消化性多糖，会在肠道中分解成葡萄糖被人体吸收，常见食物是米饭、面包等；不可消化性多糖，如膳食纤维，它很难被人体消化分解，热量远低于淀粉。

一般我们说的糖，则是指带有甜味的碳水化合物，如葡萄糖、蔗糖等，这类糖不仅可以被消化吸收，其消化吸收的速度还远远高于多糖类食物，这类糖是减糖饮食中首先需要关注的糖类。

碳水化合物 = 所有糖类的总称

- **单糖：** 葡萄糖、果糖等。
- **双糖：** 麦芽糖、蔗糖、乳糖等。
- **寡糖：** 果聚糖、麦芽寡糖等。
- **多糖：** 可消化性多糖（肝糖、淀粉等）、
  不可消化性多糖（膳食纤维等）。

到底什么是减糖饮食?

减糖饮食是广义的“低碳水化合物饮食”（low carbohydrate diet）的一种，指在饮食中适度地减少糖类。有研究发现，适度减少可消化性糖类，可能会提高胰岛素敏感性、刺激肠道激素分泌，进而能帮助瘦身减肥，也能帮助稳定血糖，预防糖尿病与心血管疾病。

减糖饮食有什么好处?

减糖饮食主要是降低日常饮食中的可消化性碳水化合物的比例，并选择优质蛋白质与优质脂肪，由此可产生以下健康好处：

- **减少体脂肪：**为了维持足够的血糖水平，我们的肝脏会将甘油转化为葡萄糖。在减少糖类摄取的状况下，血糖来源（葡萄糖）无法充足地从饮食中获得，身体会强迫脂肪细胞代谢脂肪产生甘油，从而减少体脂。

- **增加肌肉：**减少碳水化合物，同时提高蛋白质的比例，提供肌肉生长所需的蛋白质，再搭配会刺激肌肉生长的阻力训练，就能增加肌肉。

- **稳定血糖：**适度减少碳水化合物，能刺激胰岛素敏感性，帮助我们控制血糖。不过需要注意的是，糖尿病患者会服用糖尿病药物和注射胰岛素，且每个人状况不同，所以糖尿病患者在采取减糖饮食前，要与医生讨论哦！

- **改善疲劳状况：**疲劳可能来自血糖的上升。研究显示，血糖上升会刺激血清素的分泌，让我们感觉到放松，想睡觉。由于早餐常常都是高升糖指数的食物，因此人们在早上10点时很容易产生困倦感，减糖能帮助我们改善这样的问题，让精神更好！

到底要减多少糖？

一般来说，均衡饮食的营养素比例，碳水化合物占50%~60%，对正常体重的人而言，每天需摄入碳水化合物250~300克，若是我们**一天中摄入的糖分（碳水化合物）低于均衡饮食的建议量，我们便是在进行减糖饮食**。那么要减多少糖才好呢？我们以每日1800千卡来计算，依减糖轻重程度，定义出三种不同的减糖饮食：

- **想减肥瘦身：**每日摄取糖量100克，糖量占每日总热量22%。
- **想维持健康：**每日摄取糖量150克，糖量占每日总热量33%。
- **刚开始减糖：**每日摄取糖量200克，糖量占每日总热量44%。

※每日总需求热量可能会因人而异，但每日摄取糖量比例，建议参考以上百分比数值来进行。

减糖饮食该怎么吃？

减糖饮食，除了减少碳水化合物以外，还可以着重于选择**非加工品的食物来源，**选择含优质蛋白质的食物，如豆类、鱼类、蛋类及非加工的动物性肉品，再佐以牛油果油、橄榄油等单元不饱和脂肪酸为主的植物性油脂来取代被减少的糖类。

- **乳品类：**虽然鲜奶含有乳糖，但鲜奶含有丰富的蛋白质、维生素B_2与钙质，是减糖者补充这些营养素的好来源，所以也不能忘记补充乳品类。
- **莓果类：**小番茄是较适合的水果，糖类含量比其他水果低，又富含多酚、茄红素与叶黄素等抗氧化营养素。
- **蔬菜类：**要特别重视纤维素的摄取，建议每天搭配大量绿叶蔬菜、十字花科类蔬菜，以获得丰富的营养素来源。

整体来说，适度的减糖减少了碳水化合物的摄取，能帮助身体增肌减脂，也能预防与改善糖尿病等新陈代谢症候群，对健康是有益的。那么新手该如何进行减糖饮食呢？抛开复杂的计算方式，初期可以依照下面这五大饮食重点来选择食物，即能轻松减糖！

1. 不需复杂计算热量，淀粉减半

作为三餐主食的米饭、面包、阳春面等都是淀粉类食物。定外卖的时候可以选择粗食淀粉，如糙米饭、紫米饭等，没有的话就选择淀粉含量较少的餐点，或是将分量减半，这样就能轻松减少糖类的摄取。

TIPS：担心少吃面、饭，没有饱腹感？对于少吃主食会没有饱腹感的人，可以用豆腐、豆渣等营养丰富的豆制品来代替主食；如果是自己煮，也可以用魔芋、西葫芦代替，既能吃得饱又可以减糖。

2. 选择好的蛋白质食物

肉类、鱼类的碳水化合物含量都很低。过往吃减糖餐的人会大量地吃猪肉、牛肉等红肉，且会刻意挑选高油脂的部位，这样一来又会摄取太多的饱和性脂肪酸，长期大量地摄取红肉也容易提高患肠癌的风险。所以，建议以鱼类、鸡肉等蛋白质为主来进行料理。好的蛋白质食物，搭配低碳且富含食物纤维的蔬菜，就是完美的减糖菜单了。

3. 搭配优质油脂食用

一般在减重的时候，大家都会觉得不该吃油脂料理，但减少碳水化合物的同时，也要摄取足够的热量，以免变成极低热量的饮食。所以，适度选择具有油脂的肉类是可被允许的。除了油脂丰富的料理之外，建议大家平时摄取品质好的油，例如MCT油、亚麻籽油、紫苏油、橄榄油与牛油果油等，若搭配菜肴食用，则能补足热量，避免因极低热量所造成的身体负担。

4. 严禁摄取大量含白糖的食物

进行减糖饮食，除了糖类摄取要减少之外，更要避免“糖”类食物，尤其严禁将含有大量白糖的甜点当作夜宵。如果晚上嘴馋，可以选择蛋白质和坚果类食物，如水煮蛋、坚果，或是鸡胸肉等。

5. 多吃蔬菜，多喝水

许多人少吃碳水化合物，同时连蔬菜都省了，这样一来，纤维素摄取量随之减少，很容易导致便秘，也增加了因为吃较多红肉而导致的肠道健康风险；蔬菜含有丰富的钾离子，少吃蔬菜也会加大患心血管疾病的概率。因此，建议大家多吃蔬菜，比如叶菜类、菜花、海藻等，另外每天补充2000毫升的水分也非常重要。

进行减糖饮食该注意什么？

对于一般成年人，适度的减糖不会危害健康，如果是极端的减糖，像生酮饮食，就需注意自身有没有心血管疾病病史、高胆固醇病史等，因为生酮饮食是具有健康风险的。

进行减糖饮食的人，只需**注意食物的种类，**例如碳水化合物要选择全谷杂粮，才能帮助我们吃到丰富的维生素与矿物质；也要吃**足够的蔬菜，**才能摄取丰富的膳食纤维和钾离子。**不要害怕水果和乳制品的糖，**一个拳头大的水果大概含有15克糖，而一杯牛奶的糖含量也大概只有12克。一天2个拳头大的水果和1～2杯牛奶，对减糖族群来说是没问题的，反而可以帮助我们补充多酚、维生素C和钙质哦！

在油脂方面，要选择好的油脂。有许多人推崇猪油、牛油和椰子油，但这些油脂还是含有饱和性脂肪酸的。因此，建议选择橄榄油、牛油果油等富含单元不饱和脂肪酸的油，并使用低温烹调的方式，这样能减少食物营养素被破坏的问题。

哪些人不适合减糖?

大部分的人都可以吃减糖饮食，但建议儿童与青春期少年，不要过度减糖，以避免热量摄取不足、营养不足的问题，但仍需戒精制糖，多食用全谷杂粮。另外，糖尿病患者也要注意，若有服用胰岛素或者是治疗糖尿病的口服药的情况，碳水化合物的减少是需要搭配药物剂量来调整的，所以，建议咨询医生才能进行哦!

常见减糖 & 瘦身疑问大破解

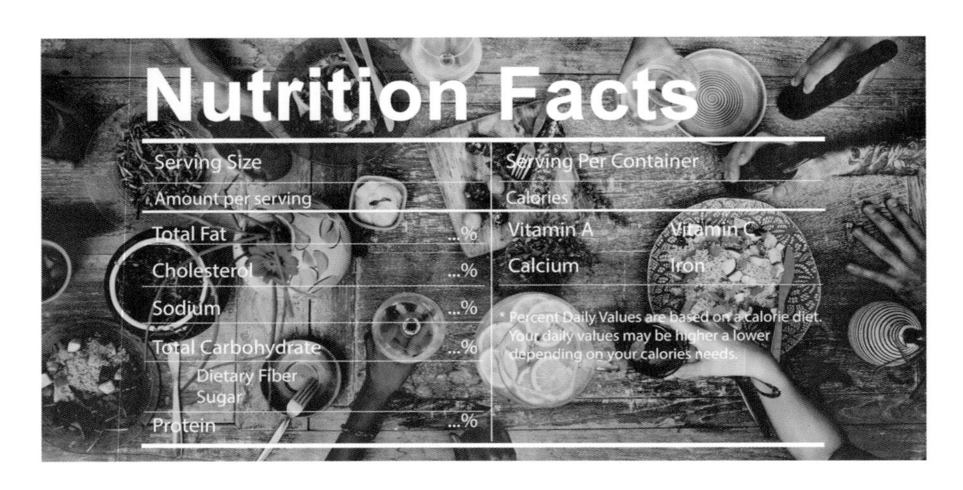

减肥是许多人一生的向往，调查发现，有80%的成年人想要减重，但自认为成功减重的人的比例却不到2成。究其原因，除了毅力不足外，最主要的就是使用了错误的减重方式，绕远路掉入了减肥的迷思陷阱里。下面列出常见的减糖和瘦身疑问，让营养师为你解答吧！

Q1 如何分辨食物中的碳水化合物含量?

A1 当我们要分辨食物中的碳水化合物含量时，我们看的是净碳水化合物而非总碳水化合物，而“总碳水化合物−膳食纤维=净碳水化合物”。为什么要减掉膳食纤维呢？因为膳食纤维是不被人体消化吸收的碳水化合物，仅会被肠道细菌发酵产生短链脂肪酸，不会提高血糖，因此不用计算在内。

看懂食物营养标示

我们在超市、便利商店购物时，商品外包装都会贴上食物营养标示，这时我们就可以很清楚地判断自己买的食物含有多少碳水化合物。

Q2 减糖就是不吃淀粉吗？

A2 碳水化合物是为身体提供主要能量来源的食物，供给我们的大脑及身体各组织所需要的能量。但许多人开始决定减重减脂后，便习惯将碳水化合物从饮食中剔除。这样做，往往初期效果佳，但并不持久。碳水化合物摄入少了，身体就会分解脂肪作为能量来源，同时会促使身体分解肌肉，造成肌肉流失。

有健身、运动习惯的人，碳水化合物更是不可或缺的，运动后补充的蛋白质，需要在足够的碳水化合物的帮助下，才能够促进肌肉的生成。其实大部分人并没有了解减糖的目的与机制是什么，因此很容易盲目减糖，减少了对健康有益的全谷根茎类、蔬菜等的摄入，虽然对减重有帮助，但同时也伤害了健康！

想减糖？先记好四大减糖饮食重点

在执行减糖饮食时，我们还是可以摄取精制程度较低、加工程度较低的碳水化合物的，例如糙米、燕麦、藜麦、红薯等，这些食物膳食纤维含量较高，而且升糖指数较低，因此对血糖的影响较平缓，也较不易使脂肪堆积。精制程度高、加工程度高的淀粉食物，如蛋糕、饼干、面包，身体吸收快，会导致血糖起伏较大，刺激胰岛素大量分泌，从而促成胰岛素在体内堆积脂肪。

四大重点必记熟

1. **不碰精制糖类食物：**需要严格限制甜食、糕点以及含糖饮料等含精制糖的食物，避免精制糖使血糖快速提升，增加脂肪堆积的机会。
2. **减少精制淀粉：**减糖饮食中碳水化合物来源减少，身体较不易囤积脂肪，同时可以增加身体脂肪的运用及代谢。
3. **提高蛋白质摄取比例：**减少饮食中的糖类后，**需要增加**饮食中蛋白质及油脂的比例，充足的蛋白质摄取，能帮助维持身体的肌肉量，并减少身体分解肌肉作为能量来源的机会。
4. **烹调用好油：**减糖饮食中的油脂比例较一般饮食更高，因此需选择好油，才能减少大量油脂摄取可能增加的疾病风险。

想减糖瘦身，你可以这样做

1. 减少额外添加的精制糖，例如减少喝含糖饮料、吃甜点的频率。
2. 淀粉不是都不能吃，吃的时候要选择精制程度较低、加工程度较低的碳水化合物，像糙米、燕麦、藜麦、红薯等，保有较多维生素矿物质以及膳食纤维。膳食纤维可以增加胃肠道蠕动，促进排便顺畅，并对稳定血糖有不小的帮助；而全谷杂粮富含B族维生素，它是能量代谢的主要辅酶，可以提升身体代谢效率，并维持神经系统的正常运作。

Q3 生酮饮食和减糖饮食有何不同？

A3 减糖饮食是在每日饮食中减少碳水化合物的摄取量，并提高蛋白质、油脂、纤维素在饮食中的比重，有别于生酮饮食——每天只吃25~50克的碳水化合物。减糖饮食可依个人需求，将每日碳水化合物的摄取量维持在100～200克左右，占每日碳水化合物建议摄取量的22%～44%。

一般均衡饮食

一般来说，我们身体需要三大营养素来维持正常的生理机能，包括蛋白质、脂肪、糖类（碳水化合物），进食比例建议为：蛋白质约20%、脂肪约30%、糖类约50%。

减糖饮食

减糖饮食中的糖类摄取量，我们建议依个人需求而定，从高糖饮食初入减糖饮食者，建议每日摄取糖量200克（糖量占每日总热量44%）；若想维持健康，建议每日摄取糖量150克（糖量占每日总热量33%）；若想达到减肥瘦身的目的，建议每日摄取糖量100克（糖量占每日总热量22%）。

生酮饮食

生酮饮食的糖类摄取比例则为5%以下，一般均衡饮食如果每天建议的热量摄取量是2000千卡，那么减糖饮食建议的糖类摄取量为100～200克，生酮饮食只有25～50克。从比例上来看，减糖饮食对碳水化合物的限制较不严格，一天可以吃一碗半的主食，如米饭、面条等，大概每餐少吃半碗饭就可以了。如果是生酮饮食，全天大概只能吃半碗的主食。

Q4 减糖外卖早餐怎么吃?

A4 因为包装食品上都会有营养标示，因此便利店对于外卖族来说是最好的控制糖量的地方，只要看清楚、算仔细碳水化合物这一项，就可以知道自己吃下了多少糖。可依自己的饮食习惯和当下用餐的状况来调整。

减糖早餐挑选原则

早餐店：建议挑选淀粉较少的就好了，蛋饼是糖类较少的选择，三角三明治也是含糖量相对较低的美味早餐，当然也可以选炒蛋、肉排等没有淀粉的餐点。

便利店／快餐店：无糖饮料、鲜奶、无糖豆浆、不加糖和奶精的拿铁、茶叶蛋、炒蛋、沙拉、两片方形吐司的三明治（不同口味含糖量30~50克不等）。

传统中式早餐店：无糖或咸豆浆+蛋饼，或搭配荷包蛋、肉排等。

Q5 什么是精制食物和低精制食物?

A5 减糖饮食必须吃低精制的食物，那什么是精制食物、低精制食物呢？想想看，你平常是吃糙米还是白米呢？同样100克的白米饭和糙米饭，热量虽然差不多，但是糙米饭所含的膳食纤维、B族维生素、矿物质都比白米多哦！稻米脱壳后的米就被称为“糙米”，它保留了粗糙的外层（包含皮层、糊粉层、胚芽），颜色较白米深，糙米磨去外层就成为白米，白米也被称为精白米。

精制食物：经过研磨去除麸皮营养的食物

一般来说，在碾米、碾麦的过程中，将富含营养成分的米糠、麸皮、胚芽等去除，得到的米和麦就可以归类为精制食物。

举例来说，以下几种都算是精制食物

- **用精白米、精白面粉制作：**白米饭、白面条、白面包、白馒头、饼干、西点。
- **用淀粉制作：**冬粉、西谷米、粉圆、炊粉、加工零食。
- **用糖或高果糖浆调味：**汽水、可乐。

低精制食物：加工程度低，保留营养的食物

全谷或未精制的原型食物，加工与精制程度低，保有麸皮及胚芽部分，如糙米、五谷米、十谷米等，都属于低精制食物，它们跟白米相比，富含三大营养素：

低精制食物的营养素

1. **膳食纤维：**糙米富含膳食纤维，能够使排便更顺畅，并且有调节血糖、加速血胆固醇排出的功效。
2. **B族维生素：**米糠中含有丰富的B族维生素，它们是能量代谢的主要辅酶，能够提升身体代谢效率；B族维生素还是神经传导、修复的重要营养素，帮助维持神经系统的正常运作。
3. **矿物质：**糙米中的钙、铁质皆比白米来得丰富，虽然吸收率不如动物性食物来源高，但仍能作为补充人体所需矿物质的食材。

吃低精制糙米的好处

同样是100克，白米饭与糙米饭的热量是差不多的，糙米饭的膳食纤维比白米饭多，淀粉分解吸收速度较慢，血糖上升速度较慢，升糖指数（GI值）较低，还能帮助糖尿病患者控制血糖。另外，从食品营养成分上也可以看到，100克糙米的膳食纤维含量约为3.4克，100克白米的膳食纤维含量约为0.2克，两者有极大的差距，所以吃低精制的食物更好！

总结来说，吃低精制糙米可拥有以下好处

- **瘦身功效：**吃低精制食物可增加饱腹感，在控制分量的情况下，比吃精制谷类有更好的减肥效果。
- **预防便秘：**能促进肠胃蠕动，降低便秘与患大肠癌的概率。
- **增加代谢：**富含B族维生素和膳食纤维，能促进体内的新陈代谢。
- **预防高血糖：**可延缓餐后的血糖上升，有效预防高血糖。

Q6 膳食纤维对健康有什么好处?

A6 膳食纤维对人体非常重要。过去,大家以为纤维素只是一种不能被人体消化的碳水化合物,直到近年才发现,纤维素虽然不能被人体消化吸收,但可以调整肠道菌群,通过肠道菌发酵产生对人体有益的物质。膳食纤维由此才更被我们重视。

膳食纤维指的是植物中不易被消化的非消化性多糖,分为水溶性膳食纤维和非水溶性膳食纤维两大类。

- **水溶性膳食纤维:** 主要是胶质成分,存在于蔬菜、水果、全谷类、豆类、魔芋等食物中。水溶性膳食纤维可以增加饱腹感,作为肠内有益菌生长的食物来源,又称之为益生菌或益生质,生理功能上可延缓血糖上升、降低血胆固醇。

- **非水溶性膳食纤维:** 包括木质素、半纤维素、几丁质等,主要存在于植物表皮和未加工的谷物、豆类、根茎类、果皮之中。非水溶性膳食纤维能增加粪便体积,促进肠道蠕动,减少粪便在肠道内停留的时间。

营养调查发现,人们的膳食纤维摄取不足,远低于建议摄取量的一半。男性的每日平均膳食纤维摄取量约为13.7克,女性平均约为14克,远低于建议摄取量的25~35克。膳食纤维摄取不足,除了会导致便秘、心血管病、体重过重、糖尿病等疾病,还会增加罹患大肠癌的危险。

Q7 抗性淀粉对瘦身有益吗?

A7 想减糖就要选对含淀粉的食物,今天我们先来认识什么是抗性淀粉。抗性淀粉是淀粉的一种,其结构较为紧密,人体难以消化吸收,但会被肠道菌使用,因此被视为是一种可溶性膳食纤维。抗性淀粉主要来自生淀粉,如生红小豆、生米。一般淀粉在煮熟后,其紧密的结构会被水分浸润,因此能被人体的淀粉酶消化,但在放凉或冷藏过程中,水分会离开淀粉结构,让淀粉慢慢恢复成生淀粉的结构,此时又会降低消化率。

常见的抗性淀粉来源食物

1. **全谷食物:** 抗性淀粉主要存在于未精制的全谷类食物中,如糙米、红薏仁、紫米等。
2. **冷藏后的淀粉:** 以土豆为例,土豆是抗性淀粉含量较多的根茎类食物,但在烹煮的过程中抗性淀粉会减少,但煮熟后冷藏,便可以让抗性淀粉含量回升。
3. **油脂包覆食物:** 有油脂包覆的状况下,淀粉的消化率会降低,比如炒饭的淀粉消化率就会比白米饭低。

※减糖时建议挑选全谷类食物,才能达到减少糖分摄入的目标。

抗性淀粉健康功效 1：促进脂肪分解

国外研究指出，在控制总碳水化合物量的状况下，若将餐点中糖类的抗性淀粉比例提高到5.4%（相当于半个放凉的红薯），相较于没有提高抗性淀粉比例者，更能促进脂肪分解，减少脂肪的堆积。因此，适量摄取抗性淀粉具有减肥的功效，主食可以稍微放凉一点再吃。但是营养师提醒，总热量控制还是很重要的。

抗性淀粉健康功效 2：调节血脂

有研究发现，豆类的抗性淀粉，能促进胆酸排泄，提高肝脏胆固醇代谢，有助于降低血液中的三酸甘油酯与胆固醇浓度。

抗性淀粉健康功效 3：养好菌，建立健康肠道菌群

抗性淀粉难以被小肠消化，但能在大肠中被细菌分解发酵，产生短链脂肪酸，而脂肪酸又是肠道中好菌的能量来源，也有助于预防大肠直肠癌的发生。

抗性淀粉健康功效 4：控制血糖

抗性淀粉难以被小肠消化吸收，因此不会造成血糖的剧烈变化，对于有血糖问题的糖尿病患者来说，在总淀粉量得到控制的状况下，提高抗性淀粉的比例更有助于控制血糖。2015年，有学者进行动物实验后发现，实验鼠如果食用含较多抗性淀粉的食物，可以促进其肝脏中肝糖原的合成，也能减缓其体内制造葡萄糖的速度，这可能是抗性淀粉帮助调节血糖的机制之一。

Q8 吃低 GI 食物能帮助减重?

A8 升糖指数是指食物经胃肠道消化吸收后对血糖上升影响的幅度,常运用于糖尿病患者的饮食搭配当中。高GI食物容易被消化吸收,易使血糖快速上升,胰脏为了应对高GI食物所引起的血糖波动,必须分泌大量胰岛素来降低血糖,而胰岛素也同时扮演促进脂肪合成的角色,更易使体脂肪囤积而增加肥胖的可能性。

低GI食物具有高纤、形态完整、消化速度较缓慢等特性,可以维持血糖的稳定,以吃低GI食物为主的饮食法称被为**低GI饮食法**,也被称为**低胰岛素减重法**。这种饮食法常被应用于控制体重,低GI饮食能有效控制血糖、降低糖尿病相关并发症的发生概率,也能改善血脂、提升饱腹感,并减少体脂生成,从而达到管控体重的目的,是糖尿病患者或体重控制者都可适量选用的好食物。

小心!低GI不等于低热量

"吃低GI食物就能减重""糙米是低GI,所以我可以吃两碗"——这种想法是错误的。其实,低GI不等于低热量,过量摄取仍会造成体重增加。**对于有血糖问题的糖尿病患者、想瘦身的人来说,关键是控制每餐的糖类摄取量,均衡且规律的饮食再搭配低GI食物,才是重点!**

Q9 褐色脂肪能提升燃脂力?

A9 不是所有脂肪都要人人喊打的!人体中存在着许多好的脂肪细胞,脂肪细胞分为白色脂肪、褐色脂肪。

- **白色脂肪:** 是人体内脂肪组织的一种,主要作用是将体内多余能量以脂肪的方式储存起来,形成我们最讨厌的赘肉。身体内白色脂肪越多,身材就会越臃肿。

- **褐色脂肪:** 是近年来发现的好脂肪细胞,褐色脂肪细胞的构造与白色脂肪细胞有极大的差异。褐色脂肪细胞含有大量线粒体以及较少量脂肪油滴,从外观看呈现棕褐色。细胞内的线粒体可以帮助我们持续消耗脂肪产生的热能,帮助身体维持体温,让我们更容易瘦下来!

当我们出生的时候,为了稳定体温、维持生命,身体含有非常多的褐色脂肪细胞;但随着年龄增加,渐渐地,褐色脂肪细胞会持续减少,白色脂肪则会越来越多。因而,我们的肚子通常会越来越大,身材也越来越难保持了。

五类好食物，让脂肪“褐变”，提升燃脂力

许多研究指出，通过饮食可以帮助脂肪细胞产生褐变，让白色的脂肪细胞也产生类似褐色脂肪消耗热量的作用，让减重更加顺利。下面这几类食物，是目前已经证实，可以帮助脂肪褐变产能的关键食物，在我们生活中都很常见。它们可以刺激脂肪细胞制造出更多线粒体，而这些线粒体就是脂肪褐化的关键，脂肪褐化不仅增加耗能，而且让细胞变成较好的形态。

1. 三文鱼、秋刀鱼、金枪鱼：油脂含量丰富的鱼类拥有许多EPA、DHA。有研究指出，EPA、DHA这些多元不饱和脂肪酸，在人体内消化的时候会刺激胃肠道的迷走神经，传递特殊信号给脑部，让我们的脑部命令脂肪细胞提高产热的效率，并且合成更多的线粒体帮助产生热量。

2. 辣椒：辣椒中所含的辣椒素，能刺激脂肪细胞消耗更多脂肪，促进新陈代谢。

3. 绿茶、无糖咖啡：有研究发现，绿茶与无糖咖啡中的咖啡因和儿茶素，会让体内的脂肪氧化增加。咖啡因和绿原酸还可以刺激胰岛素的敏感性。每天喝1~2杯无糖绿茶或无糖咖啡，不仅能增加减脂效益，减少热量摄入，还能同时培养补充水分的习惯，是营养师十分推荐的优质减脂饮品。

4. 姜黄：研究发现，姜黄对人体有很多益处，可以提升免疫力，抗氧化，抗发炎，对减脂也有极大的帮助。姜黄可以刺激细胞传递路径，帮助细胞制造更多的线粒体，提高生热效应。

Q10 想提升代谢力该怎么吃?

A10 许多人认为,代谢力指的是将身体中不必要的产物排除,其实并不尽然。代谢是身体由食物中获得能量且加以运用的过程,而基础代谢率则是指在没有进食、工作、走动的休息阶段,能够维持身体最基本的生理需求的能量值。为什么提升代谢力那么重要?因为随着年龄增加,基础代谢率就会下降,如果维持和以前一样的饮食方式及低活动度的生活习惯,体重或体脂便很容易增加,进而造成肥胖,甚至引发其他代谢性疾病,如高血压、高血脂等。

有些食物也能帮助我们提升代谢力,但要特别注意的是,虽然这些食物皆有增加代谢力的功能,仍要注意不能只吃单一种类食物,只有在均衡饮食的情况下,才能获得这些食物增加代谢力的功效。

提升代谢好食物 1:三文鱼

优质蛋白质食物,能够为身体补充足够的蛋白质,维持身体的肌肉量,而且三文鱼含有丰富的 DHA、EPA等,属于ω-3优质脂肪酸,能够帮助我们调整身体ω-3、ω-6脂肪酸的比例,也可以减少体内脂肪堆积。

提升代谢好食物 2:含碘盐

碘在身体中负责维护甲状腺的健康,其中分泌的甲状腺素是身体新陈代谢的重要激素,因此,摄取甲状腺所需的营养元素碘,能够维持身体良好的新陈代谢。不过,摄取过多的盐会提升患高血压的风险,所以,应该适度用盐,并且根据自身情况选择含碘盐。

提升代谢好食物 3：辣椒

辣椒中有一种物质被称作辣椒素，能够提高身体的代谢率，因此在饮食中添加适量辣椒调味，可以提升身体的代谢率，但要注意，许多含辣椒的菜肴也属于油脂、热量较高的食物，所以，不要为了增加代谢率，反而摄取了高热量。

提升代谢好食物 4：姜

大部分人在吃完姜后，都会有身体发热、体温上升的感受，这是因为姜含有的植化素能够让体温上升，加速细胞中的新陈代谢。但肠胃不佳的人，要尽量避免空腹吃姜，因为植化素会刺激肠胃令身体不适。

提升代谢好食物 5：糙米

糙米富含B族维生素，而B族维生素又是身体中许多营养代谢的重要辅酶，因此补充富含B族维生素的食物，有助于从食物中获得的营养顺利地被身体所使用，维持正常的新陈代谢。

Q11 怎么吃才能增加饱腹感?

A11 想要增加饱腹感，就要摄取足够的优质蛋白质+膳食纤维+植化素，这是减糖饮食的要点。学会下面这几个饮食秘诀，不仅能增加饱腹感，也对减肥瘦身有益。

秘诀 1：选择含纤维的低精制淀粉食材

蔬果中富含膳食纤维，能够帮助肠道代谢，清除营养素代谢过程中所生成的代谢废物，除去体内毒素负担。纤维能够提供饱腹感，同时促使肠道蠕动，并且能减少肠道对油脂的吸收，进而减轻身体脂肪代谢的负担，还可以延缓淀粉类食物的消化，增加饱腹感。因此，主食可以选择糙米、全麦面制品等含有膳食纤维的全谷根茎类及其制品。

- 燕麦、糙米、大麦、豆类、蔬菜、水果，都是富含膳食纤维的食材。

秘诀 2：摄取优质蛋白质

蛋白质是维持肌肉的关键营养素，而维持好肌肉量能够让基础代谢率不下降，因为肌肉与脂肪相比，维持肌肉所需要的能量消耗较大。建议选择豆制品、海鲜等脂肪含量较低的食材，可以减轻脂肪代谢的负担。

- 鸡胸肉、乳制品、鸡蛋、藜麦、豆类、豆腐等，都是富含蛋白质的食材。

秘诀 3：摄取丰富的蔬菜

蔬菜中富含的各种不同的植化素，能够帮助身体清除自由基，以及减少发炎因子的产生，减少自由基对身体细胞造成损伤的概率。蔬菜是含膳食纤维、低热量的食材，摄取大量的蔬菜可以帮助我们增加饱腹感，且因热量较低，不需太担心热量超标的问题，相当有利于体重控制。

Q12 减肥为何总失败？破解五大减肥陷阱

A12 减肥为什么总是失败呢？下面列出五大减肥陷阱，看看这些陷阱是不是你瘦不下来的原因？

陷阱 1：胖等于油脂吃太多——别再把油脂当坏人了

当饮食中摄取过多的热量时，身体会将能量以脂肪形式储存，累积成肚子和臀部上的肥肉。为了减脂，大家常努力减少饮食中的油脂摄取，但其实过多的热量大多源于饮食中多余的糖类摄取。油脂并不是导致肥胖的唯一凶手，它在身体中扮演许多重要的角色，它是激素的组成材料，非科学限油可能会影响身体的新陈代谢。

除此之外，油脂还能够帮助身体内脂溶性的维生素吸收，如维生素A、维生素D、维生素E和维生素K，对体内的骨质健康、细胞功能及皮肤气色都相当重要，且油脂是饮食提供饱腹感的重要来源。刻意不吃油脂，反而会影响体内代谢和减重效果。

陷阱 2：只要吃素就会瘦——勾芡、红烧、油炸入口还是会胖

提到素食，很多人的直觉是其热量很低，较健康，但是长期吃素食真的能达到减肥的效果吗？外卖的素食餐厅、素食自助餐中有许多的食物，在制作的过程中都会大量勾芡，而红烧、油炸也是素食中常见的烹调方式，这样你会在不知不觉中，吸收了素食料理中隐藏的热量。

如果只吃素食中清淡的蔬菜，不吃豆、鱼、蛋、肉类食物总行了吧？但这样也很容易因蛋白质的摄取不够而造成肌肉量流失，同时可能影响精神状态。因此，素食的选择需要注意烹调方式、均衡摄取，才不会增加健康风险。

陷阱 3：不吃东西只运动，一定瘦——小心肌肉量流失

根据不同的身高、体重、年龄及运动量等因素，每个人有不同的基础代谢率，基础代谢率代表维持身体运作所需的最低热量。许多人希望通过大量运动搭配少量饮食摄取的方式，达到快速减重的效果。但当摄取热量太少且低于基础代谢率时，身体会聪明地启动保护机制，由最耗能的肌肉组织开始分解，长此以往，肌肉越来越少，代谢随之下降，反而不利于减重。因此，减重时一定要记得热量摄取不能低于基础代谢热量，才不会造成肌肉流失而提早进入减重停滞期。

陷阱 4：吃淀粉一定会胖——要吃优质淀粉才对

很多人在开始减肥后会大幅度降低淀粉的摄取，长期下来却出现了体力变差、情绪不稳，甚至暴饮暴食的状况，减重计划也宣告失败。食用

精制程度高、加工程度较高的淀粉食物，如蛋糕、饼干、面包，身体吸收得快，因此会使血糖起伏较大，刺激胰岛素大量分泌，胰岛素会促使身体脂肪堆积……但并不是所有的淀粉都容易堆积脂肪。食材加工程度较低，保留较高膳食纤维的全谷杂粮，对血糖的影响较平缓，不易使脂肪堆积，如糙米、燕麦、红薯、全麦等。

陷阱 5：生理期狂吃不发胖——其实热量还是跟着你

生理期总是特别想吃甜食。研究发现，女生来月经前的基础代谢率会略为增高，身体便会提升食欲以填补提高的基础代谢率，这也就是女生们在经期前容易嘴馋的原因，随之而来的是许多女生摄取了过多热量到肚子里。不论是否处在生理期，多余的热量摄取都会转换成脂肪囤积在身体中。

PART

2

营养师点名！
减糖好食材出列

正在进行减糖饮食的你，
还不知如何选择食物吗？
是不是常听人家说减肥不要吃肉？
其实肉类、海鲜的含糖量都很低。
一起来看看减糖饮食推荐食用的蔬果、肉、海鲜、豆制品、奶蛋类的食材吧！

※ 食材营养成分会依品种而有所差异，资料仅供参考。

代糖类

代糖就是可以用来取代甜味来源的物质，分为天然来源与人工合成。目前有研究指出，人工合成的阿斯巴甜、糖精可能会影响肠道细菌生态和血糖耐受性，虽然不直接影响减糖饮食的效果，但对长期健康而言，还是要减少摄取这一类的人工甜味剂。

天然来源的代糖，例如甜菊叶、罗汉果皂苷、赤藓糖醇等，以目前的研究来看，虽然比人工合成代糖好，但过犹不及，因此，减糖的人在使用上还是适度为好。

甜菊叶

营养（每100克）：碳水化合物0克、热量0千卡

甜菊叶能够提供甜味，无热量，也不会影响血糖的天然代糖，能够作为减糖饮食甜味来源。在茶叶、花草茶中加入一些甜菊叶，茶水就有甜味了，不需要再加糖了。

甜菊叶的甜味来源是甜菊糖苷，目前市面上除了甜菊叶以外，也有萃取自甜菊叶的甜菊糖苷产品。甜菊糖苷是安全性相对较高的代糖，也被美国食品管理局（FDA）认定为安全的食品添加剂。不过要提醒一下，有少数的研究发现，长期且常态地使用甜菊糖苷，可能会增加肥胖率，不过这和剂量与频率有关，只要在正常的添加量范围内使用，便不需担心有危害。

甜菊叶运用｜可运用在果冻、布丁上，为许多需限制甜食的朋友造福；也有人将甜菊叶泡成甜菊叶液用在烘焙上，但因甜菊叶带有些许苦味，因此在烘焙上，大家会用甜菊叶搭配其他代糖一起使用，较少单独使用甜菊叶作为甜味剂。

果聚糖

营养（每100克）：碳水化合物0克、热量0千卡

果聚糖与其他代糖相比，甜度较低，也会提供少许热量。不过果聚糖无法被人体的消化酶分解，但会被肠道中的菌群作为能量利用，是益生菌的能量来源，可以改善并维持肠道的健康菌群，进而帮助维持肠道功能。

果聚糖运用｜果聚糖因甜度较不明显，且因为果聚糖是液态，所以不常被用在烘焙上，常加入咖啡、茶饮中，以替代高果糖糖浆。

赤藓糖醇

营养（每100克）：碳水化合物0克、热量0千卡

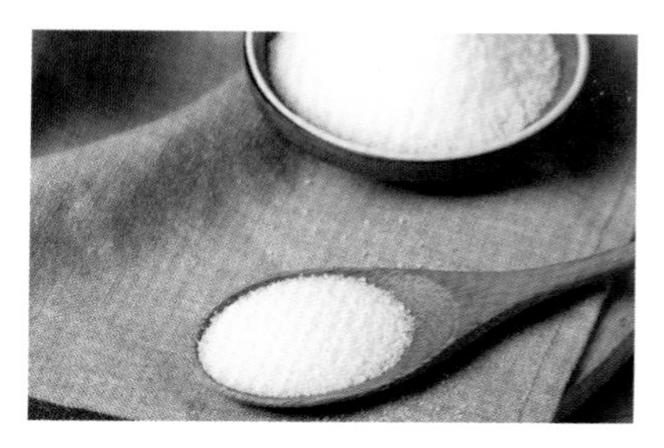

赤藓糖醇是一种几乎没有热量，且几乎不会影响血糖的代糖。赤藓糖醇的甜度大约为蔗糖的65%~70%，因为高温稳定、甜度够，减糖饮食的点心大多都使用赤藓糖醇。

赤藓糖醇运用｜赤藓糖醇在高温下稳定，适合作为烘焙食品的代糖，但在冷饮中的溶解度低，所以不建议用在饮料调制上。

木糖醇

营养（每100克）：碳水化合物0克、热量0千卡

木糖醇是一种天然甜味剂，与蔗糖相比，甜度较低，提供的热量也较低。木糖醇除了甜味外，还有些许的清凉感，因此常被运用在口香糖与饮料中。但要注意，摄取过多的木糖醇，会导致肠道渗透压改变，让水分进入肠腔而引起腹痛与腹泻，因此使用时要注意食用量，避免摄取过多而造成不适。

木糖醇运用｜木糖醇不会被口腔细菌分解，不易造成蛀牙，加入在口香糖中咀嚼，可以促使口腔唾液分泌，保护牙齿。除了口香糖外，木糖醇也会被用于制作儿童的糖果，降低儿童蛀牙率。

油品类

减糖饮食因为要减少碳水化合物的摄入，所以全天所摄取的热量会降低，人体需要从油品中摄入热量，补充不足。过去生酮饮食常吃大量的奶油、猪油，反而有可能因为饱和脂肪酸造成健康风险，所以吃优质的油是减糖饮食的重点，橄榄油、牛油果油、苦茶油、亚麻籽油都是推荐食用的优质油。

橄榄油

营养（每100克）：碳水化合物0克、热量884千卡

橄榄油含有丰富的单元不饱和脂肪酸，这种脂肪酸相当稳定，有助于改善血脂，降低心血管疾病发生的风险。

橄榄油不只是含有丰富的单元不饱和脂肪酸，初榨冷压橄榄油和无滤渣初榨冷压橄榄油，还含有丰富的抗氧化多酚。橄榄油刺激醛（Oleocanthal）是一种很特别的多酚类，除了赋予橄榄油辛辣刺激感以

外，这种多酚还具有强大的抗炎功效，甚至有研究发现，橄榄油刺激醛还有减轻身体疼痛的作用。

橄榄在加工时会经过不同次数的榨取，榨取的方式也会有所不同，但榨取次数越高的橄榄油营养价值越低，所以，挑选时首选初榨冷压橄榄油。许多人担心橄榄油不能高温烹煮。事实上，橄榄油因为含有丰富的多酚类和单元不饱和脂肪酸，所以稳定度也是很不错的，正常煎、炒、烤的方式不会产生劣化的问题。

牛油果油

营养（每100克）：碳水化合物0克、热量884千卡

牛油果油是用牛油果果实压榨而成的植物油，富含单元不饱和脂肪酸，牛油果油也含有维生素E、多酚等抗氧化、抗发炎营养素，能帮助我们减少低密度脂蛋白和三酸甘油酯，对心血管、脑血管非常除此之外，因为牛油果油稳定性很高，发烟点超过200℃，因此也很适来煎、炒。

油

营养（每100克）：碳水化合物0克、热量884千卡

苦茶油素有“植物黄金”的美称，苦茶油也是单元不饱和脂肪酸的代表。苦茶油的榨取方式类似于橄榄油，利用冷压方式加工，苦茶油含多酚类、黄酮类等有利于人体健康的天然植物营养素，若以这类富含单元不饱和脂肪酸的油类为主要的饮食油脂来源，将会降低血管栓塞的发生率。

亚麻籽油

营养（每100克）：碳水化合物0克、热量884千卡

亚麻籽油是从亚麻籽萃取出的淡黄色油，富含ω-3多元不饱和脂肪酸，有助于减少体内的发炎反应，又被称为植物性的鱼油。日常饮食常以食用葵花籽油、色拉油为主，使ω-3与ω-6失去平衡，引起身体炎症，因此，适时地补充亚麻籽油是不错的选择。但要注意，因为亚麻籽油的发烟点较低，稍微加热就容易产生油品的裂变，所以建议冷食。

MCT 油

营养（每100克）：碳水化合物0克、热量862千卡

MCT全名为中链脂肪酸油脂，大多是萃取自椰子油，但与椰子油最大的不同是，椰子油含有大量的碳十二脂肪酸，这种具有12个碳的脂肪酸已经算是长链脂肪酸，且又是饱和性脂肪酸，因此可能会增加患心血管疾病的风险。

MCT油是以8个碳与10个碳为主的脂肪酸，这类脂肪酸才是真正的中链脂肪酸，且因为具有一定的水溶解度，所以在消化吸收时可以像水溶性营养素一样，直接从肝门静脉吸收到肝脏中代谢，因此不会提高体内脂蛋白的浓度。有研究显示，摄取MCT油有改善血脂、降低血胆固醇的好处。不过市面上的MCT油浓度有所不同，所以在购买时可以看一下标示，选择高浓度的MCT油产品才能真的买到中链脂肪酸。

奶蛋 & 豆制品类

奶类是我们最重要的钙质来源，大部分人的钙质摄取都十分不足，所以，在饮食指南中，奶类被独立成一类，不过奶类和蛋类、豆类、肉类等都含有丰富的蛋白质，因此就一起介绍。

鸡蛋

营养（每100克）：碳水化合物1.1克、热量155千卡

鸡蛋是优质蛋白质的来源，每一个蛋大概可以提供7克的蛋白质，对减糖族群来说，大约能满足7%~10%左右的蛋白质需求。而鸡蛋也含有丰富的类胡萝卜素、叶黄素，这些营养素都有视力保健、抗氧化等功效。

过去我们常担心鸡蛋会有高胆固醇问题，甚至认为一个鸡蛋就会让胆固醇达到上限。但实际上，人体的胆固醇来源主要来自人体制造，且主要是受到食用了过多的饱和性脂肪酸、反式脂肪或是膳食纤维摄取不够的影响，所以，饮食中的胆固醇对于健康人来说影响并不大，不用太担心。

芝士

营养（每一片）：碳水化合物1.3克、热量68千卡

芝士含有蛋白质和丰富的钙质，钙质不只促进我们骨质健康，还能维持身体正常神经反应与新陈代谢，而充足的钙质更是脂肪代谢作用的关键。每一片芝士可以帮我们补充约10%～15%的钙，因此芝士是很好的钙质来源；而且芝士经过发酵，乳糖量也比牛奶低，有乳糖不耐受的人也可以吃。

无糖酸奶

营养（每100克）：碳水化合物3.5克、热量62.2千卡

酸奶是牛奶通过乳酸菌发酵而成的，含有丰富的蛋白质和钙质。不过市面上的酸奶大多都经调味加糖，不符合低糖原则，选择上要以无糖的为主。除了一般的酸奶以外，也有发酵时间更久的希腊酸奶，加入沙拉或是搭配坚果就做成了一道不错的料理。而且酸奶经过发酵后乳糖较低，也适合乳糖不耐受人群食用，切记要选择无糖的。

千张（豆腐皮）

营养（每100克）：碳水化合物18克、热量402千卡

千张就是传统的薄豆皮，豆皮有着优质蛋白质与低糖的特性，是很日常的低糖食材。千张分为两种，一种是干豆皮，一种是湿豆皮，这两种都可以作为低糖饮食的食材，可以取代一般的面粉皮做出低糖水饺、低糖馄饨等。

豆腐（老豆腐／嫩豆腐／鸡蛋豆腐）

营养（每100克）：碳水化合物约5克、热量约240千卡

豆腐是优质的蛋白质来源，且属于植物性蛋白。研究发现，豆腐所含的大豆蛋白具有降低血压、促进心血管健康的作用。由于加工的流程不一样，传统制作工艺的老豆腐、豆干含有的钙质远高于嫩豆腐与鸡蛋豆腐，如果是不喝牛奶的素食者，可以优先选择传统豆腐来补充身体所需的蛋白质和钙质。

蔬菜类

蔬菜是膳食纤维主要的来源，可以为人体提供所需的维生素 C、叶酸、钾离子、叶黄素、植化素等营养。膳食纤维可以帮助我们调节肠道菌群生态均衡，减少便秘，预防肠癌，也具有增强免疫力，预防高血糖、高血压与高血脂的功效。不过，有些蔬菜所含的可消化性碳水化合物较高，例如牛蒡、胡萝卜等，低糖饮食的人并不是不能吃，但要少吃，建议食物以叶菜、菜花、瓜果与蘑菇为主。

有些植物含有的淀粉比较多，在营养学上是被列在全谷杂粮里的，例如根茎类的红薯、芋头、土豆；而南瓜、玉米与山药则属于蔬菜。

西葫芦

营养（每100克）：
碳水化合物1.8克、热量13千卡

外形貌似黄瓜的西葫芦，除了含有膳食纤维以外，还含有丰富的β-胡萝卜素，具有强抗氧化力，不过因为β-胡萝卜素属于脂溶性的营养素，所以将西

葫芦和食用油一同烹调才能增加β-胡萝卜素的吸收率。除此之外，西葫芦的GI值低，有助于血糖和体重控制，因此很适合糖尿病患者或想瘦身的人食用，也常有人将西葫芦刨丝后凉拌，作为低糖主食。

芦笋

营养（每100克）：碳水化合物4.5克、热量22千卡

芦笋富含维生素A群、B族维生素及钾，也含有特殊的植化素，能够保护细胞免于自由基伤害，进而预防癌症；B族维生素可以协助消除疲劳、保护血管；而其中的钾能帮助改善高血压，预防水肿。除此之外，芦笋也是铁质含量丰富的蔬菜。

羽衣甘蓝

营养（每100克）：碳水化合物9克、热量49千卡

羽衣甘蓝是西兰花的亲戚，含有丰富的叶酸以及维生素A，能护眼、预防黄斑部病变，也能帮助维持神经系统的健全；同时含有丰富的维生素C，能维持黏膜健康。羽衣甘蓝烘干后口感就像是海苔一样，加点香油、芝麻，就是很不错的低糖点心。

黄瓜

营养（每100克）：碳水化合物2.4克、热量13千卡

黄瓜中含有丰富的膳食纤维，通过调节肠道菌群，能降低糖类转化为脂肪的效率，且因为黄瓜的热量很低，还可以帮助改善肥胖、调节胆固醇。此外，黄瓜含有丰富的钾、维生素和多种矿物质，能够抗氧化、防癌。在炎炎夏日，将黄瓜切丝混入西葫芦面中，再淋上麻酱和酱油拌均匀，能带给我们清爽的口感！

白萝卜

营养（每100克）：碳水化合物3.9克、热量18千卡

象征好彩头的白萝卜含有丰富的膳食纤维，可促进肠胃蠕动。白萝卜中有种特殊的植化素——萝卜硫素（sulforaphane），能帮助维持血脂、血压的稳定，也具有抗发炎的功效。白萝卜虽然属于根茎类的蔬菜，但比胡萝卜含有的可消化性的碳水化合物要低许多，可以作为低糖饮食的主要蔬菜食材。

黄豆芽

营养（每100克）：碳水化合物2.5克、热量34千卡

黄豆发芽之后，黄豆内的蛋白质与糖类含量发生了改变，属性也发生了变化，黄豆属于谷物，富含蛋白质，黄豆芽则属于蔬菜，富含膳食纤维。黄豆芽可以帮助我们补充膳食纤维的不足。建议自己生黄豆芽，因为刚发芽的黄豆含有丰富的GABA，这是一种可以帮助我们放松、入眠的营养素，不过在成长为黄豆芽后，GABA含量就大幅减少了。

西兰花

营养（每100克）：碳水化合物4.4克、热量28千卡

老少通吃的菜花家族都是热量低、高纤维的蔬菜，可促进肠胃蠕动，也能保护血管，有提升身体免疫力、增加防癌的能力。

菜花

营养（每100克）：碳水化合物4.5克、热量23千卡

有些人会认为白色的菜花营养价值较低，但其实它是低调的抗癌高手，其内含有丰富的维生素、叶黄素、膳食纤维，能促进新陈代谢和保护眼睛。因为菜花切碎后的颜色、外形酷似大米，所以这几年流行起菜花米来，减糖饮食中常将菜花做成菜花饭，利用菜花取代部分大米，减少碳水化合物的摄取。

红薯叶

营养（每100克）：碳水化合物4.4克、热量28千卡

除了富含膳食纤维以外，红薯叶的维生素含量也相当丰富，尤其是维生素A、β-胡萝卜素与叶酸。其中叶酸是我们经常摄取不足的维生素，叶酸除了可以帮助我们维持脑部健康以外，也是维持心血管健康的关键营养素。

芹菜

营养（每100克）：碳水化合物3.1克、热量15千卡

芹菜含有丰富的钾及膳食纤维，对于血压、血脂的调节有很大的帮助，还能润肠通便。芹菜的叶子比茎更有营养价值，且钾离子含量较高，因此血压调节的效果也较好，下次记得别把叶子丢掉，做成凉拌菜或煮汤都很好哦！

竹笋

营养（每100克）：碳水化合物7.3克、热量40千卡

竹笋含有的B族维生素能促进代谢，而且竹笋富含膳食纤维，并以粗纤维为主，促进肠道蠕动，帮助排便。

甜椒

营养（每100克）：碳水化合物5.9克、热量29千卡

多彩甜椒富含多种营养素，包含维生素A、维生素C、钾等，而维生素C，能提升身体的抗氧化能力，清除身体中的自由

基，能够预防心血管疾病等慢性发炎疾病。

藻类（海带）

营养（每100克）：碳水化合物3.3克、热量10.8千卡（以海带为例）

藻类含有丰富的膳食纤维，如红藻、褐藻，且以水溶性膳食纤维居多，进入人体肠胃道后，会因吸水而膨胀，易产生饱腹感，可避免过量摄食所造成的肥胖；并能调节血糖、血脂，有助于肠道蠕动，促进肠道废物的排泄，避免体内有害菌的生长，具有调理肠道健康的作用。

番茄

营养（每100克）：碳水化合物4.04克、热量16.2千卡

大番茄与小番茄不同，在营养学上属性为蔬菜。大番茄含有丰富的膳食纤维，除了具有饱腹感之外，还能吸附油脂，减少油脂的吸收；且含有丰富的钾离子，能够帮助钠离子及水分的代谢，预防水肿，帮助调节血压。另外，大番茄含有丰富的茄红素，许多研究指出，茄红素能够提高体内燃脂的效果，改善脂肪代谢异常的问题。

取代白饭好滋味 ———

菜花饭

担心吃白米饭容易胖吗？想控血糖、控制体重只好把饭量减半吗？那你一定要试试菜花饭！只要把菜花切成碎末，然后将状似米粒的菜花与橄榄油、少许盐丢入锅中快炒至干燥，一次吃下一大碗也不易胖！每天一碗，除了健康，满满的纤维量还能为你带来饱腹感。但很多人问，为什么菜花饭有瘦身功效呢？

1 | 高纤维可以增加饱腹感

高纤维摄取可以增加饱腹感，避免人们因为饥饿而吃进更多的热量，进而达到控制体重的目的。此外，蔬菜类的低升糖负荷（glycemic load）可以降低饭后血糖波动，使饥饿感下降，减少热量摄取，并且避免体脂的合成，而菜花就具有这样的效果。

2 | 每天食用菜花，可以有效降低体重

2015年，哈佛大学在针对133 468位男女的24年持续研究中发现，增加食用特定蔬菜可有效改变体重，其中每天食用125克菜花，便可让体重降低约0.62千克。研究认为，这是因为不同的蔬菜水果各有其特性，将影响受试者的饱腹感、血糖与胰岛素的反应变化以及每日的热量摄取及消耗。

3 | 菜花被认为可有效抗肥胖

为何菜花特别有效呢？过去10年在动物、细胞研究中发现，菜花中含丰富的萝卜硫苷（glucoraphanin），在烹饪、咀嚼后，被菜花细胞或人类肠道中的黑芥子酶（myrosinase）催化而产生的萝卜硫素（sulforaphane，SFN），具有预防肥胖的效果，所以将菜花切成碎末来烹调是有道理的。

针对肥胖导致的发炎问题，研究发现，萝卜硫素可激活抗炎反应；另外在小鼠试验中也发现，萝卜硫素可以降低肥胖饮食导致的体重增加、提高胰岛素敏感性等。有研究更进一步指出，萝卜硫素可以抑制脂肪细胞内三酸甘油酯的合成与累积，让白色脂肪细胞棕色化，促进脂肪细胞凋亡，促进脂解作用的发生等。

菜花香料饭

热量	117.5 千卡
蛋白质	2.6 克
糖类	10.2 克
脂质	6.7 克
纤维	3.05 克
钠	388.3 毫克

材料

- 菜花150克
- 橄榄油10克
- 盐或香料少许

做法

1. 菜花以流水洗净后擦干(一定要擦干，不然吃起来水分太多，口感不好)。
2. 菜花去外叶，花朵切成末。
3. 将橄榄油加入锅中与菜花末炒至松散软化(约3~5分钟)。
4. 最后加盐或香料(例如意大利香料、百里香、胡椒粉、姜黄粉等)起锅。

番茄肉酱菜花饭

热量	459.4 千卡
蛋白质	23.9 克
脂质	35.2 克
糖类	16.6 克
纤维	6.6 克
钠	551.9 毫克

材料

- 菜花香料饭适量
- 番茄1/2个
- 洋葱1/4个
- 猪肉馅100克
- 橄榄油少许
- 黑胡椒少许
- 蒜末少许
- 辣椒少许
- 低脂高汤约25毫升
- 香叶1~2片
- 九层塔4~6片

做法

1. 将菜花香料饭以意大利香料调味（如九层塔）盛起来备用。
2. 洋葱、番茄、蒜末、辣椒切碎备用。
3. 猪肉馅以黑胡椒及盐搅拌调味备用。
4. 将橄榄油入锅，用小火将洋葱末炒至金黄，香气四溢后加入蒜末与辣椒，炒出香气。
5. 加入番茄末炒至软化。
6. 将调味过的猪肉馅加入锅中，一起拌炒至松散。
7. 加入低脂高汤、香叶、九层塔，待收汁后，直接淋在菜花香料饭上即可上桌（菜花饭非常适合跟酱汁一起搭配食用）。

菜花蛋炒饭

热量	331.7 千卡
蛋白质	21.5 克
脂质	22.6 克
糖类	15.4 克
纤维	4.2 克
钠	658.1 毫克

材料

- 菜花香料饭（先不调味或只加盐）适量
- 蒜末少许
- 鸡蛋2个
- 白胡椒少许
- 盐少许
- 青葱末少许
- 酱油少许

做法

1. 将菜花香料饭不调味，盛起来备用。
2. 橄榄油入锅，待油温升起，撒蒜末爆香。
3. 将鸡蛋混合白胡椒与盐打散，倒入锅中煎至成形。
4. 加入菜花饭一起炒至松散，最后淋上酱油，再撒上青葱末拌炒一下即可出锅！

肉类

一般人总认为减肥时肉不能多吃，这种观念是错误的！对于正在进行减肥或减糖饮食的人来说，肉类含有丰富的蛋白质，且氨基酸组成较完整，能降低肌肉流失的问题，既能达到减脂的目的，又能维持肌肉量，甚至增加肌肉量。各种肉类都是很好的蛋白质来源，营养师建议以白肉、海鲜为主，偶尔搭配点红肉，这样可以满足口腹之欲，也可以顾及健康。

鸡肉

营养（每100克）：碳水化合物0克、热量157千卡（以鸡腿为例）

鸡肉所含的蛋白质十分丰富，油脂含量也很低，如果已经用了大量的油脂来烹调，那低脂鸡肉就是平衡油脂和蛋白质热量的好食材。鸡肉属于白肉，研究发现，摄取以白肉为主的饮食习惯能降低患肠癌、高血脂、中风的概率。

牛肉

营养（每100克）：碳水化合物0克、热量184千卡（以菲力牛排为例）

牛肉也是很好的蛋白质来源，但不同部位牛肉的油脂含量差异很大。牛小排、牛五花的油脂含量几乎是菲力牛排（牛里脊肉）的3倍，因此想吃牛肉补充蛋白质时，建议选择菲力牛排、瘦牛腩等部位，可以减少油脂热量的负担。牛肉也是含铁质食物的代表，每100克的牛肉含3.4毫克的铁，大约是成年人每日需求铁质的20%~30%。

猪肉

营养（每100克）：碳水化合物0克、热量212千卡（以猪里脊为例）

猪肉除富含蛋白质以外，还含有维生素B_1，每100克的猪肉大约可以满足人体将近50%的维生素B_1的需求。但要注意，不同部位猪肉的油脂和热量也不同，建议吃比较低脂的部位，如大里脊、小里脊或是前后腿肉，少吃五花肉，才能减轻油脂和饱和性脂肪酸对人体造成的负担。

羊肉

营养（每100克）：碳水化合物0克、热量292千卡

羊肉富含蛋白质、铁等营养素，羊肉的铁含量不输给牛肉。不过有很多人会怕羊腥味，而本土羊都是饲养山羊，这种羊肉的腥味比进口羊肉少许多，且羊的屠宰年龄、是否阉割也都会影响羊腥味，因此建议选择本土羊肉，就能享受到有点羊味，又不会太腥的美味羊肉。

海鲜类

海鲜与肉类一样，糖类含量都很低，又具有高蛋白、低脂肪的特性，且鲭鱼、三文鱼、秋刀鱼又含有丰富的 ω-3 脂肪酸，如 DHA、EPA，能帮助我们降低胆固醇，预防心血管疾病和抑郁症，是适合减糖饮食的好食材。

三文鱼

营养（每100克）：碳水化合物0克、热量155千卡

三文鱼含有蛋白质、ω-3脂肪酸等营养素。属于ω-3脂肪酸的DHA与EPA具有降低血胆固醇、活化脑细胞、预防心血管疾病、抗发炎的功效，能帮助我们在减糖时维持足够的体力，也能帮助我们维持好精神、好情绪。

鲭鱼

营养（每100克）：碳水化合物0.2克、热量417千卡

鲭鱼是DHA、EPA含量高的代表鱼种，帮助我们调节ω-3与ω-6脂肪酸的平衡，能够维持人体免疫功能，降低发炎概率。不过市售的大多鲭鱼都经过盐渍，所以在烹饪之前可以先用水清洗，去除多余盐分，在烹调时要少放盐，以免摄取太多的钠。

秋刀鱼

营养（每100克）：碳水化合物0克、热量314千卡

秋刀鱼与三文鱼、鲭鱼一样，都含有丰富的蛋白质与ω-3脂肪酸。不过秋刀鱼的油脂含量比较高，烤、炸秋刀鱼有可能会让油脂劣化，因此建议用低温的烹调方式，或者减少烤、炸的频率，才能获得充足的营养。

金枪鱼

营养（每100克）：碳水化合物0克、热量106千卡（以金枪鱼肚为例）

金枪鱼除了可以帮我们补充蛋白质以外，身上的重金属累积也比较少，可以减少对人体的负担。除此之外，金枪鱼含有丰富的维生素D，而大部分人的维生素D摄取状况都十分不佳，所以适时地吃点金枪鱼可以帮我们补充维生素D，促进骨质健康。

虾

营养（每100克）：碳水化合物1.0克、热量100千卡（以草虾为例）

虾的主要成分为蛋白质，脂肪含量低，蛋白质比例达到22%，是不错的蛋白质来源。虾的烹调方式多样，从清蒸、炒到炸都适合，通过不同的烹调手法，增加饮食的多元性，就能满足我们减糖时的口腹之欲！

蛤蜊

营养（每100克）：碳水化合物2.57克、热量62千卡

蛤蜊除了富含蛋白质以外，也含有丰富的锌与牛磺酸，能够抗疲劳，增强免疫力。蛤蜊含有鸟氨酸，这是一种具有护肝效果的氨基酸。研究发现，将蛤蜊放在-4℃下冷冻，能够提高8倍的鸟氨酸含量，买了蛤蜊后可在吐沙后放入冷冻保存，以增加营养。

水果类

水果因栽种方法不同、季节不同、地域不同等，水果中的糖量也会不太一样。虽然水果含有可消化性的糖，但因为水果中含有丰富的维生素与植化素，所以每天还是要摄取足够的水果，但可以减少食用米饭、白面条的方式来减少水果所摄入的糖。

小番茄

营养（每100克）：碳水化合物6.7克、热量35千卡

小番茄的含糖量不高，每100克只含6.7克的碳水化合物，而且膳食纤维含量为1.5克，因此是减糖时的好食材。小番茄含有丰富的茄红素与类胡萝卜素，可以帮助人体抗氧化，减少自由基伤害和抗发炎，同时含有的膳食纤维可以促进肠道健康，让肠道好菌生长更健全。

草莓

营养（每100克）：碳水化合物9.3克、热量39千卡

草莓除了含有膳食纤维，也是很好的维生素C来源，每100克草莓约含有70毫克维生素C，能满足我们70%的维生素C需求，有抗氧化、促进肠道健康的功效。除此之外，草莓中的有机酸还能帮助消化、刺激肠道蠕动。

橘子／橙子

营养（每100克）：碳水化合物10.5克、热量40千卡（以柑橘为例）

柑橘类是维生素C的主要来源之一，一个橘子大概可以满足我们补充40%的维生素C需求。柑橘果肉上的纤维丝，是很好的膳食纤维来源，建议大家在吃橘子时，要连同橘络一起吃进去，这样才能全面地获得橘子的营养价值。

苹果

营养（每100克）：碳水化合物11.9克、热量45千卡

苹果有许多品种，如花牛、黄元帅、红富士等，不同品种的苹果，其营养价值没有太大差异。苹果皮上有着丰富的多酚类营养物质，可以帮助我们抗氧化，促进脂肪代谢。所以，营养师建议苹果洗净后连皮一起吃，才能获得全部的营养。

坚果类

坚果类食物拥有丰富的不饱和脂肪酸，镁、钾、铜、硒等有益心血管健康的矿物质，且同时也是蛋白质、膳食纤维的良好来源。对于便秘人群来说，好的油脂与钙、镁离子，皆是促进肠道蠕动的重要营养元素。另外，坚果类食物含有丰富的维生素 E，维生素 E 是抗氧化物质，可以帮助维持细胞膜的完整性，预防自由基对人体的伤害；含有的膳食纤维，有助于预防及改善便秘问题。不过，市售的很多坚果都会进行调味，建议吃原味的坚果，避免加糖加盐，才能减少糖和钠的负担，顺利减糖。

在每日饮食指南中，营养师建议大家每天要摄取至少 1 份坚果。由于坚果含有丰富的油脂，如果要吃多份坚果时，在烹调油、肉类的选择上，就要挑选比较少油的食材或烹饪方式，才能减少油脂的负担。

核桃

营养（每100克）：碳水化合物11.2克、热量667千卡

核桃含有的脂肪以不饱和脂肪酸为主，是很好的油脂来源。且核桃含有丰富的钾离子与镁离子，钾离子可以帮助心血管舒张，减少患高血压的

风险；镁离子是促进心脏功能的重点营养素，所以核桃能提升心血管的健康度，保护心脏。

腰果

营养（每100克）：碳水化合物35.2克、热量566千卡

腰果是我们最常吃的坚果之一，是钾离子含量数一数二高的坚果，以一小把（20克）来计算，大概含有170毫克的钾离子，大约可以满足我们一天钾离子需求的5%。摄取足够的钾离子，有助于血压的降低与心血管的舒张，帮助我们预防心血管疾病。

杏仁

营养（每100克）：碳水化合物23.2克、热量588千卡

每100克杏仁含9.8克的膳食纤维，所含的膳食纤维在坚果中是数一数二的。膳食纤维可以帮助我们排便，促进肠道蠕动，预防便秘与肠癌，而有好的肠道环境，也能通过影响血液中的免疫细胞，提升我们的免疫能力。杏仁的钙质含量也十分丰富，每100克杏仁中含250毫克的钙质，虽然植物性来源会降低钙质吸收，但杏仁还是不错的钙质来源，让我们在吃零食的同时还可以获得营养素。

夏威夷果

营养（每100克）：碳水化合物18.2克、热量700千卡

夏威夷果有“坚果女王”之称，脂肪成分主要以油酸与棕榈烯酸为主，这是单元不饱和脂肪酸，稳定度高，不易被自由基攻击而受损。夏威夷果含有充足的维生素E，可以帮我们抗氧化，消除自由基。除此之外，坚

果中所含有的维生素E为天然物质，可以顺利进入脑部，发挥保护脑部细胞的作用，因此，吃夏威夷果也可以预防脑部病变与抑郁症。

奇亚籽

营养（每100克）：碳水化合物42g（有34g为膳食纤维）、热量486千卡

虽然一般人不会将奇亚籽当作坚果，但因为这种食物难以分类，因此将奇亚籽放在这里一起介绍。奇亚籽的营养，最主要的是膳食纤维，能调整肠道环境，促进益生菌生长。且膳食纤维在吸水之后会膨胀，进而使人产生饱腹感，因此是减肥时期绝佳的小零食。

PART

3

跟营养师日日减糖！
减糖三餐这样吃

3日 减糖瘦肚餐

	早餐	午餐	晚餐
DAY 1	**洋葱熏鸡炒蛋+烫菠菜+苹果+无糖牛奶** 热量 393 千卡、 碳水化合物 23.5 克、 蛋白质 18.5 克、 油脂 25 克	**意式香料西葫芦意大利面佐芝士鸡胸+无糖鲜奶茶** 热量 646 千卡、 碳水化合物 43.5 克、 蛋白质 41.5 克、 油脂 34 克	**盐水鸡腿魔芋凉面+味噌豆腐汤+橘子** 热量 394.4 千卡、 碳水化合物 18 克、 蛋白质 35.6 克、 油脂 20 克
DAY 2	**生菜汉堡排+低脂鲜奶** 热量 482 千卡、 碳水化合物 13.25 克、 蛋白质 33 克、 油脂 33 克	**麻香千张白菜汤饺+苹果+美式咖啡** 热量 425 千卡、 碳水化合物 26.1 克、 蛋白质 36.5 克、 油脂 19.4 克	**肉丝蛋炒饭+香油双菇+小番茄** 热量 586 千卡、 碳水化合物 52.5 克、 蛋白质 26.5 克、 油脂 30 克
DAY 3	**坚果蔬果绿拿铁+水煮蛋** 热量 236.8 千卡、 碳水化合物 28.5 克、 蛋白质 8.2 克、 油脂 10 克	**气炸猪排豚骨拉面+姜丝西兰花+酸奶酱草莓** 热量 610.2 千卡、 碳水化合物 50 克、 蛋白质 37.3 克、 油脂 29 克	**舒肥菲力牛排+奶油炒菠菜+无糖拿铁** 热量 629.5 千卡、 碳水化合物 19.5 克、 蛋白质 44.5 克、 油脂 41.5 克

早餐

洋葱熏鸡炒蛋+烫菠菜+苹果+无糖牛奶

总计 / 热量 393 千卡、碳水化合物 23.5 克、蛋白质 18.5 克、油脂 25 克

DAY

1

减糖**瘦肚餐**

材料

- 熏鸡肉 35 克
- 鸡蛋 1 个
- 洋葱 20 克
- 腰果 5 克
- 橄榄油 10 克
- 盐、黑胡椒粉各少许

- 菠菜 30 克
- 盐少许

- 苹果 1 个

- 美式咖啡 200 毫升
- 低脂鲜奶 120 毫升

做法

洋葱熏鸡炒蛋

1. 用平底锅加入 1 小匙橄榄油烧热，加入洋葱炒至半熟。
2. 加入熏鸡肉，若没有熏鸡肉则用鸡胸肉替代，炒熟备用。
3. 再将 1 小匙橄榄油烧热，加入鸡蛋炒至半熟。
4. 将所有配料拌匀后撒上少许盐、黑胡椒粉和腰果碎。

烫菠菜

1. 将水烧开，放入菠菜烫熟。
2. 捞起撒上适量的盐。

苹果

挑选拳头大的苹果，洗净就可食用。

无糖牛奶

1. 冲泡一杯美式咖啡，或是市售中杯咖啡。
2. 加入低脂牛奶 120 毫升。

午餐

意式香料西葫芦意大利面佐芝士鸡胸+无糖鲜奶茶

总计／热量 646 千卡、碳水化合物 43.5 克、蛋白质 41.5 克、油脂 34 克

DAY

1

减糖瘦肚餐

材料

- 鸡胸肉 140 克
- 芝士片 1 片
- 意大利面 40 克
- 西葫芦 40 克
- 西兰花 60 克
- 甜椒 50 克
- 橄榄油 10 克
- 蒜、盐、胡椒粉、意大利香料各少许

- 无糖红茶 150 毫升
- 低脂鲜奶 120 毫升

做法

意式香料西葫芦意大利面佐芝士鸡胸

1. 鸡胸肉于前一夜以盐、胡椒粉、意大利香料腌渍后备用。
2. 鸡胸肉取出，铺上芝士片，以烤箱180℃烤20～25分钟后取出备用。
3. 意大利面煮熟备用。
4. 西葫芦刨成条，汆烫熟后拌入意大利面。西兰花汆烫备用。
5. 起锅将橄榄油烧热，加入些许蒜碎，爆香后放入甜椒清炒，再拌入意大利面、西葫芦和西兰花。
6. 起锅前撒上盐、意大利香料即可。

无糖鲜奶茶

市售无糖红茶加入半杯低脂鲜奶即可。

晚餐

盐水鸡腿魔芋凉面+味噌豆腐汤+橘子

总计／热量 394.4 千卡、碳水化合物 18 克、蛋白质 35.6 克、油脂 20 克

DAY

1

减糖瘦肚餐

材料

- 魔芋细面 1 包
- 去骨鸡腿 1 个
- 黄瓜 30 克
- 胡萝卜 30 克
- 葱少许
- 芝麻酱适量

- 豆腐 40 克
- 味噌 1 大匙
- 海带芽少许

- 橘子 1 个

做法

盐水鸡腿魔芋凉面

1. 魔芋细面用热水泡过，去除碱味。
2. 去骨鸡腿用棉绳卷起，内部塞入葱丝，清蒸熟后切块。
3. 将胡萝卜洗净去皮，与黄瓜一起切细丝。
4. 将黄瓜与胡萝卜丝放在魔芋细面上，淋上芝麻酱，最后撒上葱丝即完成。

味噌豆腐汤

1. 将豆腐切块备用。
2. 用沸水将味噌煮开，加入豆腐和海带芽水开后即可起锅。

橘子

挑选 1 个拳头大小的橘子。

早餐

生菜汉堡排+低脂鲜奶

总计／热量 482 千卡、碳水化合物 13.25 克、蛋白质 33 克、油脂 33 克

DAY

2

减糖**瘦肚餐**

材料

- 猪腿绞肉 70 克
- 生菜 2 片
- 鸡蛋 1 个
- 芝士片 1 片
- 番茄 2 片
- 洋葱 20 克
- 橄榄油 2 小匙
- 盐少许

- 低脂鲜奶 240 毫升

做法

生菜汉堡排

1. 将猪肉馅拌入些许食盐后摔打出筋，并塑形。
2. 将汉堡排、鸡蛋煎熟备用。
3. 用生菜夹着汉堡排、鸡蛋、番茄与洋葱，即可食用。

低脂鲜奶

1 杯约 240 毫升的低脂鲜奶。

午餐

麻香千张白菜汤饺+苹果+美式咖啡

总计／热量 425 千卡、碳水化合物 26.1 克、蛋白质 36.5 克、油脂 19.4 克

DAY

2

减糖**瘦肚餐**

材料

- 千张皮 10 张
- 猪瘦肉 100 克
- 圆白菜 50 克
- 小白菜 100 克
- 香油 5 克
- 盐、白胡椒少许

- 苹果 1 个

- 美式咖啡 1 杯（约 220 毫升）

做法

麻香千张白菜汤饺

1. 小白菜洗净切段备用。
2. 圆白菜切碎，加入盐沥出水后备用。猪肉用绞肉机绞碎备用。
3. 将圆白菜拌入猪肉馅和香油备用。
4. 用千张皮包入馅肉，做成饺子。
5. 烧水将千张饺煮熟，加入小白菜后调味即可起锅。

苹果

1 个苹果，洗净即可食用。

美式咖啡

1 杯约 220 毫升的美式咖啡。

晚餐

肉丝蛋炒饭+香油双菇+小番茄

总计／热量 586 千卡、碳水化合物 52.5 克、蛋白质 26.5 克、油脂 30 克

DAY

2

减糖**瘦肚餐**

材料

- 糙米饭 80 克
- 菜花 50 克
- 鸡蛋 1 个
- 猪后腿肉 70 克
- 橄榄油 1 小匙
- 葱、盐、白胡椒粉少许

- 香菇 50 克
- 杏鲍菇 50 克
- 芝麻 5 克
- 香油 5 克
- 葱、盐少许

- 小番茄 10 颗

做法

肉丝蛋炒饭

1. 将猪后腿肉切丝，焯水后备用。
2. 将菜花绞碎，做成菜花米。
3. 将橄榄油烧热，打入鸡蛋后加入糙米饭拌匀。
4. 最后加入菜花，焖熟后，以盐、白胡椒调味拍炒起锅，最后撒上葱花。

香油双菇

1. 将香菇和杏鲍菇切片备用。
2. 以香油热锅，加入葱段爆香后加入香菇与杏鲍菇，炒熟调味，撒入芝麻即可起锅。

小番茄

水果准备 1 份，约 10 颗的小番茄。

坚果蔬果绿拿铁+水煮蛋

总计／热量 236.8 千卡、碳水化合物 28.5 克、蛋白质 8.2 克、油脂 10 克

DAY

3

减糖**瘦肚餐**

材料

- 猕猴桃 1 个
- 苹果半个
- 西芹 50 克
- 芽菜 30 克
- 小青菜 40 克
- 腰果 5 克

- 鸡蛋 1 个

做法

坚果蔬果绿拿铁

1. 将猕猴桃去皮，苹果洗净去核备用。
2. 将西芹、小青菜去根洗净，焯水捞出备用。
3. 将所有食材加入果汁机，并加入 200 毫升的水，打成汁。

水煮蛋

用水将鸡蛋煮熟即可。

午餐

气炸猪排豚骨拉面+姜丝西兰花+酸奶酱草莓

总计／热量 610.2 千卡、碳水化合物 50 克、蛋白质 37.3 克、油脂 29 克

DAY
3
减糖**瘦肚餐**

材料

- 猪大里脊 140 克
- 面条 50 克
- 青菜 50 克
- 水或高汤 1 碗（约 500 毫升）
- 蒜味风味油 1.5 小匙
- 葱、盐、黑胡椒粉各少许

- 西兰花 80 克
- 橄榄油 1.5 小匙
- 葱花、姜丝各少许

- 无糖酸奶半碗
- 草莓（或蓝莓）8 颗

做法

气炸猪排豚骨拉面

1. 将猪排用猪排槌敲开，抹上盐、黑胡椒粉，并喷上蒜味风味油，放入空气炸锅以 180℃气炸 8 分钟。
2. 青菜汆烫备用。
3. 将水烧开，加入高汤。
4. 加入面条煮熟后，加入青菜与葱丝后起锅，滴入数滴风味油，放上气炸猪排即可上桌。

姜丝西兰花

1. 西兰花汆烫备用。
2. 橄榄油烧热后放入姜丝、葱丝些许爆香，淋入西兰花后即可上桌。

酸奶酱草莓

草莓或蓝莓洗净备用，淋上无糖酸奶即可。

晚餐

舒肥菲力牛排+奶油炒菠菜+无糖拿铁

总计／热量 629.5 千卡、碳水化合物 19.5 克、蛋白质 44.5 克、油脂 41.5 克

DAY

3

减糖瘦肚餐

材料

- 菲力牛排 150 克
- 橄榄油 1 匙(约 5 克)
- 生菜 50 克
- 巴萨米克醋适量
- 盐、黑胡椒粉各少许
- 蒜末少许

- 意式咖啡 30 毫升
- 菠菜 100 克
- 培根 15 克(1 条)
- 有盐奶油 5 克
- 低脂鲜奶 1 杯(约 240 毫升)

做法

舒肥菲力牛排

1. 菲力牛排以舒肥方式煮熟，并用平底锅煎熟(无舒肥器具可用烤箱烤熟)。
2. 橄榄油烧热后将蒜片放入煎干。
3. 蒜末、油加入巴萨米克醋(油和醋比例 3 : 1)拌匀成为蒜味油醋酱。
4. 将生菜、菲力牛排摆盘，将黑胡椒撒到牛排上，将蒜味油醋酱淋到生菜上。

奶油炒菠菜

1. 将菠菜洗净切碎备用。
2. 将培根干煎出油，培根油取出备用。
3. 将培根油加入有盐奶油烧热后，加入菠菜炒熟，加入盐调味后即可起锅。

无糖拿铁

将意式咖啡加入低脂鲜奶即可(可以用市售无糖拿铁代替)。

3日 减糖素食餐

	早餐	午餐	晚餐
DAY 1	**纯素香椿蔬菜蛋饼+番石榴+无糖豆浆** 热量 732.4 千卡、 碳水化合物56.01克、 蛋白质 50.26 克、 油脂 36.26 克	**魔芋饭+鲜炒时蔬+豆腐汉堡排** 热量 434.4 千卡、 碳水化合物 45.2 克、 蛋白质 12.3 克、 油脂 26.5 克	**姜黄毛豆炒菜花米+柠香封烤芦笋+菠萝银耳甜汤+香蕉** 热量 531.7 千卡、 碳水化合物 88.0 克、 蛋白质 28.8 克、 油脂 14.5 克
DAY 2	**苹果肉桂可可燕麦粥+美式咖啡** 热量 296.75 千卡、 碳水化合物39.28克、 蛋白质 9.7 克、 油脂 13.32 克	**泰式西葫芦凉面+豆浆豆花** 热量 410.5 千卡、 碳水化合物 60.6 克、 蛋白质 25.4 克、 油脂 2.9 克	**菜花饭+丝瓜西兰花豆腐羹+树子炒水莲豆干丝+牛蒡腰果汤+百香果** 热量 924.2 千卡、 碳水化合物 92.9 克、 蛋白质 56.2 克、 油脂 42.8 克
DAY 3	**藜麦牛油果芒果沙拉+豆浆拿铁** 热量 527.4 千卡、 碳水化合物 53.17 克、 蛋白质 32.13 克、 油脂 20.7 克	**双豆炒魔芋面+凉拌秋葵+无糖绿茶** 热量 438.6 千卡、 碳水化合物 48.1 克、 蛋白质 37.7 克、 油脂 15.8 克	**五谷米饭+普罗旺斯炖蔬菜+坚果南瓜浓汤** 热量 661.0 千卡、 碳水化合物 89.7 克、 蛋白质 30.9 克、 油脂 24.2 克

早餐

纯素香椿蔬菜蛋饼+番石榴+无糖豆浆

总计／热量 732.4 千卡、碳水化合物 56.01 克、蛋白质 50.26 克、油脂 36.26 克

DAY

1

减糖素食餐

材料

- 低筋面粉 30 克
- 红薯粉 10 克
- 凉白开 70 毫升
- 豆腐皮 120 克
- 香椿酱 10 克
- 圆白菜 30 克
- 素火腿 20 克
- 玉米笋 20 克
- 橄榄油 10 克
- 盐、胡椒粉各少许

- 番石榴 155 克

- 豆浆 360 毫升

做法

纯素香椿蔬菜蛋饼

1. 将圆白菜及素火腿切丝，玉米笋焯水后备用。
2. 将面粉、红薯粉、凉白开搅拌均匀备用。
3. 热锅加油，倒入拌匀的粉浆后，依序放入圆白菜丝、素火腿、豆腐皮，以锅铲略压，小火煎至金黄后翻面，将豆腐皮煎香再翻面。
4. 将豆腐皮朝上涂上香椿酱，放上玉米笋，少许盐、胡椒粉调味后卷起即可。

番石榴

挑选拳头大的番石榴，洗净就可以食用。

无糖豆浆

自制无糖豆浆或购买市面无糖豆浆即可。

午餐

魔芋饭+鲜炒时蔬+豆腐汉堡排

总计／热量 434.4 千卡、碳水化合物 45.2 克、蛋白质 12.3 克、油脂 26.5 克

DAY

1

减糖素食餐

材料

- 魔芋饭 100 克

- 玉米笋 30 克
- 四季豆 30 克
- 胡萝卜 20 克
- 黄瓜 30 克
- 姜丝适量
- 橄榄油 5 克
- 盐少许

- 嫩豆腐 140 克
- 红薯 45 克
- 燕麦片 20 克
- 口蘑 20 克
- 橄榄油 15 克
- 盐、胡椒粉各少许

做法

鲜炒时蔬

1. 将胡萝卜及黄瓜切条备用。
2. 锅中加入少许油，煸香姜丝，接着下玉米笋、四季豆、胡萝卜，加少许水拌炒，最后加入黄瓜、盐翻炒即可。

豆腐汉堡排

1. 嫩豆腐捣碎备用。
2. 将红薯蒸熟后压成泥，口蘑切小丁备用。
3. 锅内放少许油，口蘑煸香后放凉备用。
4. 豆腐泥中加入红薯泥、燕麦片、口蘑、少许盐及胡椒粉拌匀。
5. 用手塑形成圆球后压扁，放入锅中煎至双面金黄即可。

晚餐

姜黄毛豆炒菜花米+柠香封烤芦笋+菠萝银耳甜汤+香蕉

总计／热量 531.7 千卡、碳水化合物 88.0 克、蛋白质 28.8 克、油脂 14.5 克

DAY

1

减糖**素食餐**

材料

- 菜花 160 克
- 毛豆粒 100 克
- 杏鲍菇 50 克
- 黑木耳 50 克
- 姜黄粉 10 克
- 橄榄油 5 克
- 盐、胡椒粉各少许

- 柠檬 15 克
- 芦笋 100 克
- 橄榄油 5 克
- 盐、迷迭香、黑胡椒粒各少许

- 银耳 50 克
- 菠萝 30 克
- 大枣 10 克
- 枸杞子 5 克
- 冷开水 500 毫升

- 香蕉 150 克

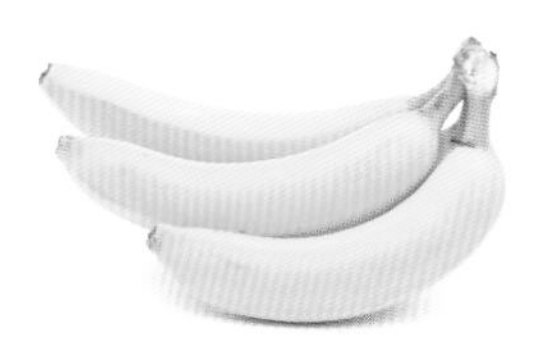

做法

姜黄毛豆炒菜花米

1. 将杏鲍菇、黑木耳切小丁备用，菜花切成小块后碎成末。
2. 锅内放少许油，加入杏鲍菇、木耳丁炒香，再加入菜花米、毛豆粒拌炒。
3. 姜黄粉加入少许水拌匀后加入锅中拌炒，起锅前撒上调味料调味即可。

柠香封烤芦笋

1. 将柠檬切片，在烘焙纸中间依序铺上柠檬片、芦笋。
2. 均匀淋上橄榄油、盐、迷迭香、黑胡椒粒后，将烘焙纸的边往内盖住食材。
3. 取一张较大的铝箔纸包裹在烘焙纸外层，放入烤箱以 200℃烤 15 分钟后出炉即可。

菠萝银耳甜汤

1. 将菠萝切片备用。
2. 银耳加冷开水用大火煮沸，放入菠萝、大枣，小火煮 10 分钟，起锅前加入枸杞子即完成。

早餐

苹果肉桂可可燕麦粥+美式咖啡

总计／热量 296.75 千卡、碳水化合物 39.28 克、蛋白质 9.7 克、油脂 13.32 克

DAY

2

减糖素食餐

材料

- 燕麦 30 克
- 苹果 30 克
- 开心果 15 克
- 可可粉 10 克
- 蜂蜜 10 克
- 肉桂粉适量

- 美式咖啡 240 毫升

做法

苹果肉桂可可燕麦粥

1. 先将燕麦、可可粉加水煮至微浓稠后，拌入蜂蜜盛碗中。
2. 再将苹果切成小丁放入沸水里，加入适量肉桂粉焖至入味后，起锅放置于可可燕麦粥上，最后撒点开心果即可。

午餐

泰式西葫芦凉面+豆浆豆花

总计／热量 410.5 千卡、碳水化合物 60.6 克、蛋白质 25.4 克、油脂 2.9 克

DAY

2

减糖素食餐

材料

- 西葫芦 200 克
- 小番茄 30 克
- 黄瓜 50 克
- 红辣椒适量
- 香菜适量
- 素味露 80 克
- 素泰式东炎酱 10 克
- 冰糖 10 克
- 柠檬汁 10 克
- 香茅适量
- 冷开水适量

- 含糖豆浆 350 毫升
- 豆花 200 克
- 熟红小豆 20 克
- 熟花豆 20 克
- 冰块少许

做法

泰式西葫芦凉面

1. 将西葫芦刨成长条，制成西葫芦面，焯水后捞起，放入冰水中冷却沥干备用。
2. 将小番茄对半切，黄瓜切丝，红辣椒去籽切丝后备用。
3. 香茅、香菜切碎，加入素味露、素东炎酱、冰糖、柠檬汁、冷开水，调匀成酱汁。
4. 将西葫芦面、酱汁、小番茄、黄瓜丝、辣椒丝拌匀后再撒上适量香菜即可。

豆浆豆花

豆浆中加入豆花、熟红小豆、熟花豆和少许冰块即可。

晚餐

菜花饭+丝瓜西兰花豆腐羹+树子炒水莲豆干丝+牛蒡腰果汤+百香果

总计／热量 924.2 千卡、碳水化合物 92.9 克、蛋白质 56.2 克、油脂 42.8 克

DAY

2

减糖**素食餐**

材料

- 菜花 80 克

- 丝瓜 100 克
- 干香菇 10 克
- 豆腐 200 克
- 西兰花 100 克
- 枸杞子 10 克
- 藕粉 10 克
- 姜丝适量

- 橄榄油 5 克
- 盐少许

- 树子、树子汁适量
- 水莲（野莲）100 克
- 豆干丝 100 克
- 橄榄油 5 克
- 姜片适量
- 盐、胡椒粉各少许

- 牛蒡 80 克
- 腰果 30 克
- 猴头菇 50 克
- 姜片适量
- 盐、米酒各少许

- 百香果 100 克

做法

丝瓜西兰花豆腐羹

1. 将干香菇泡水 10 分钟后将水分挤干，切成丝备用。
2. 丝瓜去皮，将豆腐、去皮丝瓜切成小条，西兰花切成小朵状备用。
3. 热锅中加入少许油、姜丝爆香，放入干香菇、丝瓜、西兰花炒匀，加入少许水、豆腐及盐调味，焖煮。
4. 将藕粉加水拌匀，倒入锅中勾芡，起锅前撒上枸杞子即可。

树子炒水莲豆干丝

1. 热锅加入少许油，放入姜片、豆干丝煸香后，放入水莲快速拌炒。
2. 加入适量树子、树子汁及调味料再次拌炒均匀。
3. 撒上适量盐、胡椒粉，拌匀盛盘即可。

牛蒡腰果汤

1. 将牛蒡切片、猴头菇切块备用。
2. 准备一锅水加入腰果略煮后，再加入牛蒡、姜片、猴头菇，用中小火煮沸约半小时。
3. 等腰果软后，淋上少许米酒、盐提味即可。

早餐

藜麦牛油果芒果沙拉+豆浆拿铁

总计／热量 527.4 千卡、碳水化合物 53.17 克、蛋白质 32.13 克、油脂 20.7 克

DAY
3
减糖素食餐

材料

- 藜麦 20 克
- 毛豆粒 100 克
- 牛油果 80 克
- 苹果 130 克
- 番茄 50 克
- 香菜适量
- 柠檬汁 15 克
- 橄榄油 5 克
- 黑胡椒少许

- 咖啡 180 毫升
- 无糖豆浆 360 毫升

做法

藜麦牛油果芒果沙拉

1. 将藜麦与水以 1 ∶ 1.2 的比例放入电饭煲中蒸熟，毛豆粒煮熟后放凉备用。
2. 将牛油果去皮切块，苹果、番茄切块后，加入柠檬汁、橄榄油、少许黑胡椒粉混合均匀。
3. 最后拌入藜麦、毛豆粒，撒上香菜即可。

豆浆拿铁

将黑咖啡与无糖豆浆以 1 ∶ 2 的比例混合即可。

午餐

双豆炒魔芋面+凉拌秋葵+无糖绿茶

总计／热量 438.6 千卡、碳水化合物 48.1 克、蛋白质 37.7 克、油脂 15.8 克

DAY

3

减糖素食餐

材料

- 蟹味菇 100 克
- 魔芋面 100 克
- 黄豆芽 100 克
- 毛豆粒 80 克
- 豆腐皮 60 克
- 橄榄油 5 克
- 酱油 5 克
- 胡椒少许

- 秋葵 80 克

- 苹果 50 克
- 小番茄 30 克
- 巴萨米克醋 15 克
- 柠檬汁 5 克
- 柠檬皮丝少许
- 盐少许

- 无糖绿茶 500 毫升

做法

双豆炒魔芋面

1. 将魔芋面稍微氽烫后捞起切小段，豆腐皮切丝备用。
2. 热锅加入少许油后，放入豆腐皮煎香，再加入蟹味菇、黄豆芽、毛豆粒拌炒。
3. 最后加入魔芋面、酱油、胡椒拌炒均匀即可。

凉拌秋葵

1. 准备一锅热水，将秋葵焯水后，放入冰水里冷却，沥干捞起，去蒂头备用。
2. 将苹果、小番茄切小丁，加入巴萨米克醋、柠檬汁、少许柠檬皮丝及盐后拌匀。
3. 将 2 淋在秋葵上即可。

晚餐

五谷米饭+普罗旺斯炖蔬菜+坚果南瓜浓汤

总计／热量 661.0 千卡、碳水化合物 89.7 克、蛋白质 30.9 克、油脂 24.2 克

DAY

3

减糖素食餐

材料

- 五谷米饭 100 克
- 西葫芦 100 克
- 南瓜 100 克
- 圆茄子 100 克
- 番茄糊 50 克
- 橄榄油 5 克
- 迷迭香适量
- 百里香适量
- 黑胡椒适量
- 九层塔适量

- 南瓜 100 克
- 口蘑 50 克
- 素食高汤 200 克
- 橄榄油 5 克
- 黑豆 40 克
- 松子仁（或其他碎坚果）10 克

做法

普罗旺斯炖蔬菜

1. 将西葫芦、茄子切成等宽片状后备用。
2. 热锅入油，加入番茄糊及适量迷迭香、百里香、九层塔炒香后，铺平在烤盘上，接着铺上切好的蔬菜片。
3. 撒上少许黑胡椒后，放入烤箱以 150℃烤 30 分钟即可。

坚果南瓜浓汤

1. 将南瓜放入锅蒸熟后压成泥备用。
2. 热锅加入少许橄榄油、口蘑、黑豆炒香，再加入南瓜泥、素食高汤煮约 3 ~ 5 分钟。
3. 将煮好的南瓜汤倒入果汁机中，搅打均匀后倒至锅中煮沸，再撒上松子仁即可。

5日｜减糖瘦肚餐
每日约100克糖

	早餐	午餐	晚餐
DAY 1	**牛油果鸡丝三明治+蓝莓柠檬饮** 热量418.33千卡、碳水化合物55.25克、蛋白质30.71克、油脂9.55克	**鲜虾烤蔬便当+无糖绿茶** 热量366.3千卡、碳水化合物13.6克、蛋白质54.6克、油脂11.9克	**豆腐汉堡排+三文鱼牛奶蔬菜汤** 热量998.3千卡、碳水化合物45.7克、蛋白质74.3克、油脂59.8克
DAY 2	**红藜水果松饼+芝麻豆浆** 热量558.3千卡、碳水化合物45.4克、蛋白质27.15克、油脂32.4克	**柠檬香茅松阪猪佐姜黄饭** 热量628.6千卡、碳水化合物47.0克、蛋白质23.9克、油脂39.6克	**菜花饭+秋葵虾仁蒸蛋+菠萝炒银耳+气炸盐曲鸡** 热量409.3千卡、碳水化合物27.2克、蛋白质36.2克、油脂21.1克
DAY 3	**谷物酸奶水果罐** 热量378.2千卡、碳水化合物52.1克、蛋白质10.8克、油脂15.5克	**香煎透抽+塔香毛豆煎蛋** 热量530.3千卡、碳水化合物15.7克、蛋白质58.1克、油脂29.1克	**芝士鸡胸千张面** 热量655.8千卡、碳水化合物42.0克、蛋白质57.5克、油脂29.8克
DAY 4	**水果沙拉蛋卷+美式咖啡** 热量377.4千卡、碳水化合物23.2克、蛋白质18.9克、油脂25克	**菜花金枪鱼煎饼+无糖乌龙茶** 热量260.0千卡、碳水化合物18.6克、蛋白质22.2克、油脂12.6克	**牛排西葫芦意大利面+罗宋汤+芝麻龙须菜** 热量1000.7千卡、碳水化合物70.7克、蛋白质73.8克、油脂54.5克
DAY 5	**千张蔬菜蛋饼+坚果拿铁** 热量686.7千卡、碳水化合物33.3克、蛋白质38.7克、油脂46.5克	**菜花南瓜鸡肉粥+酒醋鲜鱼沙拉** 热量674.3千卡、碳水化合物50.4克、蛋白质66.6克、油脂26.4克	**酒蒸蛤蜊魔芋面** 热量234.9千卡、碳水化合物23.3克、蛋白质19.0克、油脂10.1克

早餐

牛油果鸡丝三明治+蓝莓柠檬饮

总计／热量 418.33 千卡、碳水化合物 55.25 克、蛋白质 30.71 克、油脂 9.55 克

DAY

1

减糖瘦肚餐

约 100 克糖

材料

- 全麦吐司 2 片
- 牛油果 1/2 个
- 鸡胸肉 100 克
- 黄瓜 1 根
- 番茄 1/2 个
- 生菜叶 3 片
- 黑胡椒粉适量

- 蓝莓 150 克
- 柠檬汁 5 克
- 冷水适量

做法

牛油果鸡丝三明治

1. 牛油果去核去皮切成条，黄瓜切成薄片，番茄切成片，生菜洗净备用。
2. 将鸡胸肉以沸水煮熟后放凉，撕成丝备用。
3. 准备两片吐司，选择一片作为底，放上牛油果、黄瓜、番茄、鸡胸肉、生菜叶，撒上一点黑胡椒粉后，盖上另外一片吐司即可。

蓝莓柠檬饮

将蓝莓、柠檬汁及冷开水放入果汁机打匀后即可。

午餐

鲜虾烤蔬便当+无糖绿茶

总计／热量 366.3 千卡、碳水化合物 13.6 克、蛋白质 54.6 克、油脂 11.9 克

DAY
1
减糖瘦肚餐
约100克糖

材料

- 鸡蛋1个
- 虾6个
- 西兰花80克
- 甜椒1个
- 橄榄油5克
- 盐、黑胡椒粉各适量
- 意大利香料适量

- 无糖绿茶500毫升

做法

鲜虾烤蔬便当

1. 准备一锅沸水，将鸡蛋洗净后连壳放入锅中，煮约10分钟捞起放凉，剥壳切对半备用。
2. 将虾以沸水煮熟后放入冰水冷却剥壳备用，西兰花切成小朵，甜椒切成小片备用。
3. 烤盘中放上西兰花、甜椒，淋上橄榄油，撒上盐、黑胡椒粉、意大利香料后拌匀，放入烤箱烤约15～20分钟即可。
4. 准备盘子，放进烤蔬菜、虾及水煮蛋即完成。

晚餐

豆腐汉堡排+三文鱼牛奶蔬菜汤

总计／热量 998.3 千卡、碳水化合物 45.7 克、蛋白质 74.3 克、油脂 59.8 克

DAY

1

减糖瘦肚餐

约 100 克糖

材料

- 猪肉馅 100 克
- 老豆腐 150 克
- 鸡蛋 1 个
- 甜椒 1/2 个
- 橄榄油 10 克
- 盐适量

- 三文鱼 100 克
- 西兰花 100 克
- 洋葱 50 克
- 胡萝卜 100 克
- 牛奶 240 克
- 奶油 12 克
- 盐、黑胡椒粉、面粉各适量

做法

豆腐汉堡排

1. 将老豆腐压碎备用。
2. 将洋葱、胡萝卜、甜椒切小丁，用少许油炒香后放凉备用。
3. 将猪肉馅与豆腐、蛋液、洋葱丁、胡萝卜丁、甜椒丁抓匀拌出黏性，将汉堡肉塑为圆形后压扁。
4. 热锅加油后放入汉堡肉饼，煎至双面金黄即可。

三文鱼牛奶蔬菜汤

1. 将洋葱、胡萝卜切块备用，西兰花切成小朵状并焯水约 3 分钟后捞起放凉备用。
2. 热锅后放入奶油，将洋葱炒香后放入胡萝卜，待胡萝卜出水后放入三文鱼稍煎至表面金黄。
3. 接着放入牛奶及少许水，小火炖煮至三文鱼熟透，最后放入黑胡椒粉、盐调味，加适量面粉勾芡即完成。

早餐

红藜水果松饼+芝麻豆浆

总计／热量 558.3 千卡、碳水化合物 45.4 克、蛋白质 27.15 克、油脂 32.4 克

DAY

2

减糖瘦肚餐

约 100 克糖

材料

- 全麦面粉 3 大匙
- 红藜 10 克
- 鲜奶 120 克
- 鸡蛋 1 个
- 橄榄油 5 克
- 苹果 1/2 个

- 黑芝麻 3 大匙
- 无糖豆浆 240 毫升

做法

红藜水果松饼

1. 将红藜水煮 5 分钟后沥干备用。
2. 面粉加入牛奶及鸡蛋液，搅拌成面糊后，加入红藜。
3. 在平底锅加入少许油热锅，倒入面糊，双面煎上色即可。
4. 松饼上再铺上切片的苹果。

芝麻豆浆

准备果汁机，加入豆浆及黑芝麻，搅打均匀后即可。

午餐

柠檬香茅松阪猪佐姜黄饭

总计／热量 628.6 千卡、碳水化合物 47.0 克、蛋白质 23.9 克、油脂 39.6 克

DAY

2

减糖瘦肚餐

约 100 克糖

材料

- 糙米饭 1/2 碗
- 姜黄粉 1 大匙
- 洋葱 1/2 个
- 葱花、香菜各适量
- 松阪猪（猪颈肉）100 克
- 柠檬汁 10 克
- 酱油 10 克
- 蒜 3 瓣
- 香茅适量
- 橄榄油 15 克

做法

柠檬香茅松阪猪佐姜黄饭

1. 将洋葱切成丁，蒜瓣切成蒜末备用。
2. 热锅加入 1 茶匙油，加入洋葱炒香后，放入糙米饭及姜黄粉，炒至均匀起锅备用。
3. 将猪颈肉加入柠檬汁、酱油、蒜末、香茅，再加一点水，抓腌入味。
4. 热锅加油，将腌好的猪颈肉与酱汁倒入锅中炒熟即可。
5. 姜黄饭铺上柠檬香茅松阪猪，撒上葱花及香菜即完成。

晚餐

菜花饭+秋葵虾仁蒸蛋+菠萝炒银耳+气炸盐曲鸡

总计／热量 409.3 千卡、碳水化合物 27.2 克、蛋白质 36.2 克、油脂 21.1 克

DAY
2
减糖瘦肚餐
约 100 克糖

材料

- 菜花 80 克
- 秋葵 6 根
- 虾仁 3 只
- 鸡蛋 2 个
- 酱油 15 克
- 盐适量
- 菠萝 30 克
- 泡发银耳 2 朵
- 盐适量
- 姜丝适量
- 白醋 5 克
- 酱油 5 克
- 橄榄油 5 克
- 鸡腿排 1 片
- 盐曲 15 克
- 酱油 5 克
- 姜末适量
- 白糖适量
- 黑胡椒粉适量

做法

秋葵虾仁蒸蛋

1. 将秋葵去蒂头切成片备用。
2. 准备一个瓷碗，以 1 ： 1 的比例加入蛋及水，再加入酱油、盐打匀后，捞起表面浮沫，放入秋葵及虾仁。
3. 上锅蒸 10 ~ 15 分钟至凝固即可。

菠萝炒银耳

1. 将菠萝切成小块、银耳切成小朵备用。
2. 热锅加入油、姜丝炒香后，加入菠萝、银耳拌炒，加入少许水及适量盐、白醋、酱油翻炒至收汁即可。

气炸盐曲鸡

1. 将鸡腿排与盐曲、酱油、白糖、姜末、黑胡椒粉拌匀抓腌。
2. 把抓腌好的鸡腿排放入空气炸锅，以 180℃加热约 6 分钟，确认上色后翻面继续加热约 3 ~ 4 分钟，直至两面金黄上色即完成。

早餐

谷物酸奶水果罐

总计／热量 378.2 千卡、碳水化合物 52.1 克、蛋白质 10.8 克、油脂 15.5 克

DAY
3
减糖瘦肚餐
约 100 克糖

材料

- 无糖酸奶 200 克
- 香蕉 1 根
- 猕猴桃 1 个
- 核桃 5 个
- 燕麦片 1 大匙
- 蜂蜜 5 克

做法

谷物酸奶水果罐

1. 将香蕉切成片，猕猴桃切成小块备用。
2. 准备 1 个干净玻璃罐，第一层铺上一半的酸奶，第二层放上水果（留少许放置顶层），第三层铺上剩下的酸奶与蜂蜜，最后放上水果、核桃及燕麦片即可。

午餐

香煎透抽+塔香毛豆煎蛋

总计／热量 530.3 千卡、碳水化合物 15.7 克、蛋白质 58.1 克、油脂 29.1 克

DAY

3

减糖瘦肚餐

约 100 克糖

材料

- 透抽（剑尖枪乌贼）1 尾
- 胡椒盐适量
- 橄榄油 5 克

- 鸡蛋 2 个
- 胡萝卜 30 克
- 毛豆粒 50 克
- 九层塔 1 小把
- 橄榄油 10 克
- 盐适量

做法

香煎透抽

1. 将新鲜透抽洗净，去除内脏后以餐巾纸擦干。
2. 热锅加油后，放上透抽煎至卷曲，两面焦香，起锅切成小段，撒上适量胡椒盐即可。

塔香毛豆煎蛋

1. 将胡萝卜切成丝，九层塔切成小片备用。
2. 毛豆粒以沸水烫约 3 分钟后，起锅沥干备用 。
3. 鸡蛋液打匀，加入胡萝卜、毛豆粒、九层塔、盐拌匀。
4. 锅中加入油，热锅后倒入蛋液，煎至两面金黄即可。

晚餐

芝士鸡胸千张面

总计／热量 655.8 千卡、碳水化合物 42.0 克、蛋白质 57.5 克、油脂 29.8 克

DAY
3
减糖瘦肚餐
约100克糖

材料

- 千张3片
- 鸡胸肉100克
- 洋葱100克
- 老豆腐150克
- 鸡蛋1个
- 芝士丝30克
- 番茄酱2大匙
- 黑橄榄10颗
- 小番茄10颗
- 黄甜椒80克
- 橄榄油5克
- 盐、黑胡椒粉各适量
- 意大利香料适量

做法

芝士鸡胸千张面

1. 将鸡胸肉以沸水煮熟，放凉后拆成丝切成碎，洋葱切成碎，黑橄榄切成片，黄甜椒切成小丁，小番茄切成丁后备用。
2. 老豆腐用汤匙压碎，加入小番茄、番茄酱、鸡蛋、黄甜椒、鸡胸肉及洋葱拌匀。
3. 准备深瓷碗，将肉酱与千张一层一层交替铺上，最后撒上芝士丝、适量盐、黑胡椒粉和意大利香料，放入烤箱烤至表面金黄即可。

早餐

水果沙拉蛋卷+美式咖啡

总计／热量 377.4 千卡、碳水化合物 23.2 克、蛋白质 18.9 克、油脂 25 克

DAY

4

减糖瘦肚餐

约 100 克糖

材料

- 全鸡蛋 2 个
- 苹果 1/2 个
- 菠萝 30 克
- 黄瓜 1 根
- 葡萄干 1 大匙
- 芝士片 1 片
- 橄榄油 10 克
- 盐适量

- 美式咖啡 240 毫升

做法

水果沙拉蛋卷

1. 将鸡蛋加入盐打匀备用，苹果、菠萝、黄瓜切成小丁备用。
2. 入锅加入油，倒入蛋液半凝固后放入苹果、菠萝、黄瓜、葡萄干、芝士片，将蛋皮对折，煎至双面金黄即可。

午餐

菜花金枪鱼煎饼+无糖乌龙茶

总计／热量 260.0 千卡、碳水化合物 18.6 克、蛋白质 22.2 克、油脂 12.6 克

DAY

4

减糖瘦肚餐

约 100 克糖

材料

- 菜花 200 克
- 圆白菜 120 克
- 胡萝卜 1 小段
- 口蘑 4 个
- 水煮金枪鱼 100 克
- 葱花适量
- 鸡蛋 2 个
- 橄榄油 10 克
- 盐、黑胡椒粉各适量

- 无糖乌龙茶 1 瓶（约 500 毫升）

做法

菜花金枪鱼煎饼

1. 将圆白菜与胡萝卜切成丝，口蘑切碎，金枪鱼切成块，菜花碎成末，将上述食材以鸡蛋液混合备用。
2. 准备平底锅热锅加油，倒入蛋液煎至两面金黄上色即可。

晚餐

牛排西葫芦意大利面 + 罗宋汤 + 芝麻龙须菜

总计 / 热量 1000.7 千卡、碳水化合物 70.7 克、蛋白质 73.8 克、油脂 54.5 克

DAY

4

减糖瘦肚餐

约 100 克糖

材料

- 西冷牛排 1 块
- 西葫芦 1 根
- 蒜 2 瓣
- 辣椒 1 个
- 橄榄油 5 克
- 意大利香料适量
- 盐适量

- 牛肋条 100 克
- 蒜 2 瓣
- 土豆 80 克
- 圆白菜 150 克
- 番茄 100 克
- 芹菜 30 克
- 番茄酱 30 克
- 盐适量

- 意大利香料适量
- 橄榄油 5 克

- 芝麻酱 2 大匙
- 柴鱼片 1 小把
- 龙须菜（或当季青菜）200 克

做法

牛排西葫芦意大利面

1. 将西葫芦刨成条，蒜切成末，辣椒切成小片备用。
2. 热锅加油，放入蒜末及辣椒片炒香后，加入西葫芦面炒熟，最后撒上意大利香料及少许盐即可起锅。
3. 将牛排煎成喜好的熟度，起锅放置在西葫芦面旁即完成。

罗宋汤

1. 将牛肋条切成块、土豆切成块，圆白菜切成小片，番茄切成块，芹菜切成小段，蒜切成片备用。
2. 准备好锅，热锅加油，放入牛肋条，煎至表面微焦起锅备用。
3. 原锅不洗，加入蒜片炒香，再加入土豆、圆白菜、番茄、芹菜、番茄酱、牛肋条炒香，再加入适量水入锅熬煮。
4. 最后起锅前加入盐及意大利香料调味即可。

芝麻龙须菜

将龙须菜入水焯烫后捞起，放入冰水冷却、沥干后置于盘上，最后淋上芝麻酱，撒上柴鱼片即可。

早餐

千张蔬菜蛋饼+坚果拿铁

总计／热量 686.7 千卡、碳水化合物 33.3 克、蛋白质 38.7 克、油脂 46.5 克

DAY
5
减糖瘦肚餐
约 100 克糖

材料

- 千张 4 片
- 圆白菜 150 克
- 玉米粒 100 克
- 鸡蛋 2 个
- 盐、黑胡椒粉各适量
- 橄榄油 10 克

- 综合坚果 20 克
- 黑咖啡 240 毫升
- 全脂鲜奶 360 毫升

做法

千张蔬菜蛋饼

1. 将圆白菜切丝备用，将鸡蛋、玉米粒、圆白菜、盐与黑胡椒拌匀。
2. 准备平底锅，热锅加油，倒入蛋液，再铺上 2 张千张皮，待底部凝固后，翻面，铺上 2 张千张皮，直到双面都煎到金黄上色即可。

坚果拿铁

将黑咖啡、全脂鲜奶与坚果一起加入果汁机，搅打均匀即可。

午餐

菜花南瓜鸡肉粥+酒醋鲜鱼沙拉

总计／热量 674.3 千卡、碳水化合物 50.4 克、蛋白质 66.6 克、油脂 26.4 克

DAY
5
减糖瘦肚餐
约100克糖

材料

- 菜花米320克
- 鸡胸肉100克
- 南瓜100克
- 鸡蛋2个
- 鲜香菇2个
- 姜丝适量
- 葱花适量
- 盐适量

- 橄榄油5克
- 鲷鱼片6片
- 杏鲍菇30克
- 芝麻叶30克
- 萝蔓莴苣4片
- 蒜末适量
- 巴萨米克醋15克
- 橄榄油5克

做法

菜花南瓜鸡肉粥

1. 将鸡胸肉切成丝，南瓜切成条，香菇切成片备用。
2. 热锅倒入油，放入姜丝爆香，加入鸡胸肉炒至颜色变白，再加入香菇片炒匀，倒入适量水、菜花米、南瓜条、盐，淋上蛋液煮沸，最后撒上葱花即可。

酒醋鲜鱼沙拉

1. 将鲷鱼片煮熟，杏鲍菇切成条放进烤箱，烤至出水金黄备用。
2. 在沙拉碗中拌入所有食材、蒜末、巴萨米克醋及橄榄油，拌匀即可。

酒蒸蛤蜊魔芋面

总计／热量 234.9 千卡、碳水化合物 23.3 克、蛋白质 19.0 克、油脂 10.1 克

DAY
5
减糖瘦肚餐
约 100 克糖

材料

- 魔芋面 1 包
- 蛤蜊 20 颗
- 蒜 5 瓣
- 青菜 100 克
- 蟹味菇 50 克
- 嫩豆腐 150 克
- 葱花适量
- 姜丝适量
- 米酒 15 克
- 橄榄油 5 克
- 盐适量

做法

酒蒸蛤蜊魔芋面

1. 蛤蜊洗净加盐水吐沙备用，魔芋面烫熟后备用。
2. 热锅放油，加入青菜、蒜瓣炒香，加入适量水、蛤蜊、蟹味菇、嫩豆腐、姜丝。
3. 煮沸后，加入魔芋面、米酒、葱花及适量盐即可。

5日 | 减糖瘦肚餐

每日约150克糖

	早餐	午餐	晚餐
DAY 1	黑芝麻松饼+美式咖啡 热量 629.7 千卡、碳水化合物 68.85 克、蛋白质 19.43 克、油脂 33.36 克	菜花饭+鱼香鸡丁茄子+蒜味木耳炒双色菜花+无糖绿茶 热量 356.3 千卡、碳水化合物 24.7 克、蛋白质 22.5 克、油脂 20.1 克	香菇鸡汤豆腐面+柠香鲜虾烤蔬佐水波蛋温沙拉+番石榴 热量 606.7 千卡、碳水化合物 53.8 克、蛋白质 60.1 克、油脂 21.1 克
DAY 2	金枪鱼芝士全麦三明治+可可牛奶 热量 664.73 千卡、碳水化合物 66.84 克、蛋白质 38.9 克、油脂 28.3 克	菠菜蛋卷+香煎味噌三文鱼 热量 518.3 千卡、碳水化合物 11.9 克、蛋白质 49.3 克、油脂 30.7 克	菜花五谷米炒饭+大蒜蛤蜊汤+无糖酸奶 热量 451.6 千卡、碳水化合物 63.5 克、蛋白质 19.6 克、油脂 15.8 克
DAY 3	法棍佐苹果牛油果酱+无糖红茶 热量 282.8 千卡、碳水化合物 48.15 克、蛋白质 7.4 克、油脂 9.15 克	糙米饭+秋葵豆腐佐芝麻酱+口蘑炒肉片 热量 553.4 千卡、碳水化合物 35.2 克、蛋白质 42.2 克、油脂 27.2 克	番茄海鲜面+葱烧金针豆皮卷 热量 727.7 千卡、碳水化合物 67.8 克、蛋白质 56.7 克、油脂 27.6 克
DAY 4	彩椒煎蛋+奶油香蒜面包+无糖乌龙茶 热量 555.9 千卡、碳水化合物 49.32 克、蛋白质 23.21 克、油脂 31.45 克	酸奶土豆沙拉+四季豆鸡肉煎饼+苹果 热量 439.8 千卡、碳水化合物 30.2 克、蛋白质 36.6 克、油脂 19.1 克	菜花饭+香菇蒸肉饼+莲藕鱼片黑豆汤 热量 594.6 千卡、碳水化合物 55.2 克、蛋白质 55.3 克、油脂 22.4 克
DAY 5	苹果沙拉豆皮蛋饼+豆浆奶茶 热量 615.2 千卡、碳水化合物 36.4 克、蛋白质 45.97 克、油脂 33.91 克	番茄蛤蜊西葫芦面+麻姜松阪猪+蜂蜜柠檬汁 热量 529.1 千卡、碳水化合物 44.3 克、蛋白质 34.8 克、油脂 28.2 克	彩蔬咖喱糙米饭+黄瓜鱼丸汤+芒果鲜奶米布丁 热量 489.2 千卡、碳水化合物 76.2 克、蛋白质 16.0 克、油脂 15.8 克

早餐

黑芝麻松饼+美式咖啡

总计／热量 629.7 千卡、碳水化合物 68.85 克、蛋白质 19.43 克、油脂 33.36 克

DAY

1

减糖瘦肚餐
约150克糖

材料

- 低筋面粉 60 克
- 低脂鲜奶 80 克
- 白糖 10 克
- 鸡蛋 1 个
- 橄榄油 10 克
- 黑芝麻粉 30 克

- 美式咖啡 240 毫升

做法

黑芝麻松饼

1. 将面粉过筛备用。
2. 将鲜奶、鸡蛋、白糖、橄榄油混合均匀后，加入面粉、黑芝麻粉，快速拌匀成面糊备用。
3. 热锅抹上一点油，倒入面糊，待面糊起泡即完成。

午餐

菜花饭+鱼香鸡丁茄子+蒜味木耳炒双色菜花+无糖绿茶

总计／热量 356.3 千卡、碳水化合物 24.7 克、蛋白质 22.5 克、油脂 20.1 克

DAY

1

减糖瘦肚餐

约 150 克糖

材料

- 菜花 80 克
- 长茄子 100 克
- 鸡腿 100 克
- 葱适量
- 姜末适量
- 辣椒适量
- 蒜适量
- 辣豆瓣酱 20 克
- 白醋 5 克
- 酱油 5 克
- 白糖 5 克
- 盐适量
- 花椒粉 5 克
- 橄榄油 10 克
- 盐适量

- 西兰花 40 克
- 菜花 40 克
- 黑木耳 20 克
- 蒜适量
- 橄榄油 5 克
- 盐适量

- 无糖绿茶 1 杯（约 450 毫升）

做法

鱼香鸡丁茄子

1. 将辣豆瓣酱、白醋、酱油、白糖、花椒粉混合调成酱备用。茄子及鸡腿切小块，适量葱切成段备用。热锅加油，放入鸡腿块煎上色后起锅备用。
2. 放入少许油，加入蒜、辣椒、姜末爆香，加入鸡腿块、茄子炒香。
3. 加入事先调好的酱拌炒，最后加入葱段即可。

蒜味木耳炒双色菜花

1. 将西兰花及菜花切成小朵状，黑木耳切丝备用。
2. 热锅加油加入蒜片炒香，再加入西兰花、菜花及黑木耳炒熟，最后加点盐调味即可。

晚餐

香菇鸡汤豆腐面+柠香鲜虾烤蔬佐水波蛋温沙拉+番石榴

总计／热量 606.7 千卡、碳水化合物 53.8 克、蛋白质 60.1 克、油脂 21.1 克

DAY
1
减糖瘦肚餐
约150克糖

材料

- 干香菇3个
- 胡萝卜30克
- 鸡腿100克
- 姜片适量
- 豆腐面155克
- 盐适量

- 鲜虾4个
- 玉米笋5个
- 红甜椒50克
- 洋葱50克
- 西葫芦50克
- 芦笋50克
- 九层塔适量
- 柠檬汁15克
- 柠檬皮丝适量
- 橄榄油5克
- 鸡蛋1个
- 盐、醋各适量

- 番石榴1个

做法

香菇鸡汤豆腐面

1. 鸡腿切块后稍微烫去血水，胡萝卜切块，干香菇泡水备用。
2. 准备一锅热水，加入鸡腿、胡萝卜、香菇、姜片煮沸，最后加入豆腐面及盐调味即可。

柠香鲜虾烤蔬佐水波蛋温沙拉

1. 准备一锅热水，将鸡蛋先打入碗中，待水沸后加入少许盐及醋，加入鸡蛋不断搅拌约20秒后，即可将水波蛋捞起备用。
2. 将鲜虾煮熟后剥壳，洋葱切丝备用，红甜椒、西葫芦切片后，与玉米笋、芦笋一并焯水备用。
3. 准备一个碗，将所有蔬菜、鲜虾、柠檬汁、九层塔、橄榄油加入后拌匀，最后撒上柠檬皮丝及放上水波蛋即可。

番石榴

挑选拳头大的番石榴，洗净后就可以食用。

早餐

金枪鱼芝士全麦三明治+可可牛奶

总计／热量 664.73 千卡、碳水化合物 66.84 克、蛋白质 38.9 克、油脂 28.3 克

DAY

2

减糖瘦肚餐

约150克糖

材料

- 水煮金枪鱼100克
- 芝士片2片
- 番茄50克
- 全麦吐司2片
- 盐、黑胡椒粉各适量

- 黑巧克力(85%)30克
- 低脂鲜奶240克

做法

金枪鱼芝士全麦三明治

1. 将番茄切片备用。
2. 准备两片吐司，选择一片作为底，放上水煮金枪鱼、芝士片、番茄片，撒上一点盐与黑胡椒粉后，盖上另外一片吐司即完成。

可可牛奶

将牛奶加热后，放入黑巧克力，拌匀即完成。

午餐

菠菜蛋卷+香煎味噌三文鱼

总计／热量 518.3 千卡、碳水化合物 11.9 克、蛋白质 49.3 克、油脂 30.7 克

DAY

2

减糖瘦肚餐

约 150 克糖

材料

- 鸡蛋 1 个
- 低脂鲜奶 70 克
- 菠菜 100 克
- 盐适量
- 橄榄油 10 克

- 三文鱼 150 克
- 味噌 15 克
- 橄榄油 5 克

做法

菠菜蛋卷

1. 将鸡蛋、鲜奶与盐混合均匀。
2. 热锅加油，倒入鸡蛋液，放上菠菜，煎至微凝固后翻面煎，最后将蛋卷起即可。

香煎味噌三文鱼

1. 将三文鱼抹上味噌，静置 10 分钟。
2. 热锅加油，将味噌三文鱼放进锅中，煎至两面金黄即可起锅。

晚餐

菜花五谷米炒饭+大蒜蛤蜊汤+无糖酸奶

总计／热量 451.6 千卡、碳水化合物 63.5 克、蛋白质 19.6 克、油脂 15.8 克

DAY

2

减糖瘦肚餐

约150克糖

材料

- 五谷米饭 100 克
- 菜花 30 克
- 西兰花 30 克
- 玉米笋 5 个
- 鹰嘴豆 8 颗
- 葱花适量
- 蒜片适量
- 盐、胡椒粉各适量
- 橄榄油 5 克
- 蛤蜊 20 颗
- 蒜 10 瓣
- 姜丝适量
- 水 550 毫升
- 米酒适量
- 葱花适量
- 盐适量
- 无糖酸奶 100 克

做法

菜花五谷米炒饭

1. 将菜花、西兰花切成小朵备用。
2. 热锅加油，放入蒜片爆香，放入菜花、西兰花、玉米笋、鹰嘴豆拌炒，再加入五谷米饭拌炒均匀，撒上适量葱花、盐与胡椒粉即可。

大蒜蛤蜊汤

1. 将蛤蜊吐沙后备用。
2. 干锅将蒜瓣炒香后，加入蛤蜊、水，煮至蛤蜊开，最后加入姜丝、米酒、盐及葱花，再煮开即可。

早餐

法棍佐苹果牛油果酱+无糖红茶

总计／热量 282.8 千卡、碳水化合物 48.15 克、蛋白质 7.4 克、油脂 9.15 克

DAY
3
减糖瘦肚餐
约150克糖

材料

- 法棍（法式长棍面包）2片
- 牛油果100克
- 苹果50克
- 猕猴桃50克
- 洋葱50克
- 薄荷叶适量

- 无糖红茶240毫升

做法

法棍佐苹果牛油果酱

1. 将法棍切成厚片，苹果、猕猴桃、洋葱切成小丁，薄荷叶切碎备用。
2. 将牛油果压拌成泥，加入苹果、猕猴桃、洋葱丁及少许碎薄荷叶，拌均匀后即可抹在法棍上食用。

午餐

糙米饭+秋葵豆腐佐芝麻酱+口蘑炒肉片

总计／热量 553.4 千卡、碳水化合物 35.2 克、蛋白质 42.2 克、油脂 27.2 克

DAY
3
减糖瘦肚餐
约 150 克糖

材料

- 糙米饭（软）1 碗
- 秋葵 50 克
- 嫩豆腐 150 克
- 柴鱼片 1 小把
- 芝麻酱 20 克
- 口蘑 6 个
- 猪里脊肉片 100 克
- 辣椒适量
- 姜丝适量
- 蒜适量
- 葱花适量
- 酱油 5 克
- 盐、胡椒粉各适量
- 橄榄油 5 克

做法

秋葵豆腐佐芝麻酱

1. 将秋葵焯水后去蒂切头备用。
2. 嫩豆腐切成方块，加入秋葵，淋上芝麻酱，撒上柴鱼片即可。

口蘑炒肉片

1. 将口蘑对半切，辣椒斜切成片备用。
2. 热锅加油，加入辣椒、蒜爆香，放入口蘑、猪里脊肉片炒香。
3. 接着加入酱油、适量盐、胡椒粉调味，最后撒上姜丝及葱花即可起锅。

晚餐

番茄海鲜面+葱烧金针豆皮卷

总计/热量727.7千卡、碳水化合物67.8克、蛋白质56.7克、油脂27.6克

DAY

3

减糖瘦肚餐

约 150 克糖

材料

- 乌冬面 1 包
- 虾 3 只
- 蛤蜊 10 个
- 肉丝 80 克
- 番茄 100 克
- 圆白菜 100 克
- 胡萝卜 30 克
- 水 500 毫升
- 橄榄油 5 克
- 豆皮 60 克
- 金针菇 80 克
- 蒜末适量
- 姜末适量
- 葱适量
- 土豆淀粉 5 克
- 酱油 10 克
- 橄榄油 10 克

做法

番茄海鲜面

1. 将圆白菜切成小片，胡萝卜切小块，番茄切成小丁备用。
2. 热锅加油，加入肉丝拌炒，再加入番茄丁一起炒香，加入适量水煮沸后，将虾、蛤蜊、胡萝卜放入锅中煮熟，最后加入圆白菜及乌冬面煮熟即可。

葱烧金针豆皮卷

1. 热锅加入少许油，豆皮摊开放入锅中煎，将金针菇铺放在豆皮上，再将豆皮卷起，起锅备用。
2. 再准备一个锅，热锅加油后，放入姜末、蒜末、葱段爆香，加入酱油、适量水，将金针豆皮卷放入，盖上锅盖焖至入味后，加入少许淀粉勾芡即完成。

早餐

彩椒煎蛋+奶油香蒜面包+无糖乌龙茶

总计／热量 555.9 千卡、碳水化合物 49.32 克、蛋白质 23.21 克、油脂 31.45 克

DAY

4

减糖瘦肚餐

约150克糖

材料

- 甜椒（黄）50克
- 鸡蛋2个
- 盐、黑胡椒粉各适量
- 橄榄油适量

- 奶油20克
- 蒜5瓣
- 吐司2片
- 香芹适量

- 乌龙茶240毫升

做法

彩椒煎蛋

1. 甜椒切成丁备用。
2. 鸡蛋打散，加入甜椒丁及盐、黑胡椒粉调味。
3. 热锅加油，加入蛋液煎熟即可。

奶油香蒜面包

1. 蒜头、香芹切成末备用。
2. 奶油隔水融至微软，加入蒜瓣、香芹末，混合均匀抹在吐司上。
3. 抹好的吐司片放入烤箱，调温200℃烤至表面金黄即可。

午餐

酸奶土豆沙拉+四季豆鸡肉煎饼+苹果

总计／热量 439.8 千卡、碳水化合物 30.2 克、蛋白质 36.6 克、油脂 19.1 克

DAY

4

减糖瘦肚餐

约 150 克糖

材料

- 土豆 90 克
- 黄瓜 1 根
- 酸奶 50 克
- 柠檬汁 5 克
- 橄榄油 5 克
- 蜂蜜 5 克
- 鸡蛋 1 个

- 四季豆 50 克
- 鸡胸肉 105 克
- 葱花适量
- 橄榄油 5 克
- 盐、胡椒粉各适量

- 苹果 1 个

做法

酸奶土豆沙拉

1. 土豆蒸熟后压成泥备用，鸡蛋煮熟，去壳切成丁，黄瓜切成小丁备用。
2. 水煮蛋加入土豆泥、酸奶、柠檬汁、橄榄油、蜂蜜，混合均匀即可。

四季豆鸡肉煎饼

1. 四季豆切成小丁，鸡胸肉剁碎成绞肉。
2. 将四季豆、鸡胸肉、适量葱花混合，加入适量盐、胡椒粉调味，用手整成圆饼备用。
3. 热锅加油，放入鸡肉饼煎至两面金黄即可。

晚餐

菜花饭+香菇蒸肉饼+莲藕鱼片黑豆汤

总计／热量 594.6 千卡、碳水化合物 55.2 克、蛋白质 55.3 克、油脂 22.4 克

DAY

4

减糖瘦肚餐

约150克糖

材料

- 菜花 80 克
- 猪肉馅 100 克
- 荸荠 4 个
- 干香菇 3 个
- 葱花适量
- 酱油 10 克
- 姜末适量
- 淀粉 10 克
- 盐、胡椒粉各适量
- 鲷鱼片 100 克
- 藕 80 克
- 黑豆 25 克
- 胡萝卜 30 克
- 莲子 10 颗
- 姜丝适量

做法

香菇蒸肉饼

1. 将干香菇泡水 10 分钟后，挤干，切成小丁备用，荸荠切成小丁备用。
2. 将猪肉馅与香菇、荸荠、葱花、姜末、盐与胡椒粉搅拌至产生黏性，整形成圆饼，放入锅中蒸熟。
3. 酱油加入淀粉水勾芡后，淋在蒸好的肉饼上即可。

莲藕鱼片黑豆汤

1. 胡萝卜切成块，藕切成片备用。
2. 煮一锅热水，依序放入藕片、黑豆、胡萝卜及莲子，煮沸，最后加入鲷鱼片、姜丝，再煮开一下即可。

早餐

苹果沙拉豆皮蛋饼+豆浆奶茶

总计／热量 615.2 千卡、碳水化合物 36.4 克、蛋白质 45.97 克、油脂 33.91 克

DAY
5
减糖瘦肚餐
约150克糖

材料

- 甜豆腐皮 2 片
- 鸡蛋 1 个
- 苹果 1/2 个
- 生菜 50 克
- 葡萄干 20 克
- 沙拉酱 10 克
- 橄榄油 5 克
- 盐、黑胡椒粉各适量

- 豆浆 240 毫升
- 红茶 240 毫升

做法

苹果沙拉豆皮蛋饼

1. 苹果切成小丁，生菜切丝，鸡蛋打散备用。
2. 热锅加入油，倒入蛋液，放上摊开的豆皮，煎至双面金黄，即可起锅放凉备用。
3. 将苹果丁、葡萄干、生菜放在蛋饼皮上，挤上沙拉酱与盐、黑胡椒粉调味，卷起即可。

豆浆奶茶

将豆浆与红茶以 1：1 的比例混合即可。

午餐

番茄蛤蜊西葫芦面+麻姜松阪猪+蜂蜜柠檬汁

总计／热量 529.1 千卡、碳水化合物 44.3 克、蛋白质 34.8 克、油脂 28.2 克

DAY
5
减糖瘦肚餐
约150克糖

材料

- 小番茄10颗
- 蛤蜊10颗
- 西葫芦面150克
- 鸡胸肉45克
- 洋葱30克
- 辣椒适量
- 蒜片适量
- 九层塔适量
- 橄榄油5克

- 松阪猪（猪颈肉）70克
- 圆白菜150克
- 干香菇3个
- 麻油5克
- 姜片适量
- 米酒适量
- 盐、胡椒粉各适量

- 凉白开150毫升
- 柠檬汁30克
- 蜂蜜10克
- 冰块适量

做法

番茄蛤蜊西葫芦面

1. 洋葱切成丝，小番茄对半切，辣椒切成片，鸡胸肉切成条，蛤蜊洗净吐沙后备用。
2. 热锅加入橄榄油、蒜片、洋葱、鸡胸肉炒熟，加入小番茄及辣椒炒匀后，再加入蛤蜊，炒至蛤蜊开。
3. 最后加入西葫芦面、九层塔，炒匀即可。

麻姜松阪猪

1. 圆白菜切小片，干香菇泡水后挤干，猪颈肉切成条。
2. 热锅加入麻油及姜片爆香，接着加入香菇、猪颈肉及适量米酒拌炒。
3. 最后放入圆白菜和一碗水焖煮10分钟，起锅前加入盐与胡椒粉调味即可。

蜂蜜柠檬汁

将凉白开与蜂蜜混合均匀，加入柠檬汁及适量冰块搅匀即可。

晚餐

彩蔬咖喱糙米饭+黄瓜鱼丸汤+芒果鲜奶米布丁

总计／热量 489.2 千卡、碳水化合物 76.2 克、蛋白质 16.0 克、油脂 15.8 克

DAY

5

减糖瘦肚餐

约150克糖

材料

- 咖喱块1块
- 蟹味菇50克
- 小番茄6个
- 口蘑6个
- 西兰花50克
- 糙米饭160克
- 水200毫升
- 橄榄油5克
- 盐、胡椒粉各适量

- 黄瓜1/2根
- 鱼丸4颗
- 胡萝卜30克
- 芹菜适量
- 盐、胡椒粉各适量

- 芒果70克
- 大米30克
- 低脂鲜奶150毫升
- 核桃2粒

做法

彩蔬咖喱糙米饭

1. 将口蘑与小番茄对切，西兰花切成小朵，备用。
2. 热锅加油，将口蘑、西兰花一起炒熟，起锅备用。
3. 将水煮开，放入蟹味菇与咖喱块一起熬煮后，再将炒好的西兰花与口蘑放入，加点盐与胡椒粉调味。
4. 将咖喱酱淋到糙米饭上即可。

黄瓜鱼丸汤

1. 将黄瓜、胡萝卜切成块，芹菜切成碎备用。
2. 准备一锅水，放入鱼丸、黄瓜块、胡萝卜块煮开，起锅前加入少许盐、胡椒粉，撒上芹菜碎即可。

芒果鲜奶米布丁

1. 芒果切成小丁，坚果切成碎。
2. 将大米、鲜奶倒入锅中，用小火慢煮，持续搅拌煮约30分钟，再静置10分钟，以余温焖熟盛入碗中。
3. 将芒果丁及坚果碎放至碗中即可。

5日 | 减糖瘦肚餐

每日约200克糖

	早餐	午餐	晚餐
DAY 1	**泡菜鸡芝士豆皮卷+芋头西米露+猕猴桃** 热量 562 千卡、 碳水化合物 60.7 克、 蛋白质 62.1 克、 油脂 25.6 克	**青酱鸡肉意大利面+中卷凉拌水果沙拉** 热量 549.1 千卡、 碳水化合物 66.9 克、 蛋白质 30 克、 油脂 22.2 克	**日式烤鸡腿香菇炊饭+绿葡萄** 热量 407.7 千卡、 碳水化合物 51.8 克、 蛋白质 22.2 克、 油脂 16.1 克
DAY 2	**香蕉燕麦粥+油醋生菜蛋沙拉** 热量 512.7 千卡、 碳水化合物 69 克、 蛋白质 23.1 克、 油脂 19.3 克	**日式芝士饭+山药味噌汤+苹果** 热量 587.9 千卡、 碳水化合物 70.3 克、 蛋白质 28.6 克、 油脂 24.5 克	**什锦锅烧面+红心火龙果** 热量 465.2 千卡、 碳水化合物 68.1 克、 蛋白质 26.6 克、 油脂 12.4 克
DAY 3	**西葫芦蛋饼+木瓜坚果牛奶** 热量 514.1 千卡、 碳水化合物 62.5 克、 蛋白质 26.1 克、 油脂 20.7 克	**虾仁番茄蛋炒饭+蜂蜜水果酸奶** 热量 602.6 千卡、 碳水化合物 94.6 克、 蛋白质 21.4 克、 油脂 17.3 克	**清炒蛤蜊意大利面+番石榴** 热量 553.2 千卡、 碳水化合物 65.7 克、 蛋白质 29.4 克、 油脂 25.5 克
DAY 4	**南瓜蔬菜猪肉粥+水果酸奶沙拉** 热量 561 千卡、 碳水化合物 84.4 克、 蛋白质 21.4 克、 油脂 18.5 克	**春卷+香蕉** 热量 562.6 千卡、 碳水化合物 65.8 克、 蛋白质 32.7 克、 油脂 23.6 克	**奶油海鲜河粉+菠萝** 热量 407.7 千卡、 碳水化合物 51.8 克、 蛋白质 22.2 克、 油脂 16.1 克
DAY 5	**蔬菜千张蛋饼+鲜奶茶+苹果** 热量 601.3 千卡、 碳水化合物 67.2 克、 蛋白质 39.9 克、 油脂 22.2 克	**夏威夷风味比萨+日式三文鱼味噌汤+雪梨** 热量 704.5 千卡、 碳水化合物 91.6 克、 蛋白质 21.9 克、 油脂 30.4 克	**卦包+牛油果蔬果沙拉** 热量 445.9 千卡、 碳水化合物 64.6 克、 蛋白质 25.8 克、 油脂 14.3 克

早餐

泡菜鸡芝士豆皮卷＋芋头西米露＋猕猴桃

总计／热量 562 千卡、碳水化合物 60.7 克、蛋白质 62.1 克、油脂 25.6 克

DAY
1
减糖瘦肚餐
约 200 克糖

材料

- 韩式泡菜 30 克
- 鸡胸肉 30 克
- 芝士片 2 片
- 豆腐皮 30 克
- 胡萝卜 35 克
- 黄瓜 35 克
- 橄榄油 5 克

- 生西米露（西谷米生）15 克
- 芋头 55 克
- 原味腰果 4 ~ 5 颗

- 猕猴桃 150 克

做法

泡菜鸡芝士豆皮卷

1. 将豆皮展开，鸡肉切条。
2. 热油锅，将豆皮放入，煎至金黄后盛起。
3. 放上芝士片、泡菜、鸡肉、胡萝卜、黄瓜，顺着豆皮纹路卷起，切成小段后即完成。

芋头西米露

1. 芋头切成块，放入锅中煮熟。
2. 西米露小火炖煮至米心熟透。
3. 煮好的西米露放入冰水中冰镇（口感更 Q 弹）。
4. 将芋头加入水及剁碎的腰果中，混合均匀后接着炖煮，最后加入西米露即完成。

午餐

青酱鸡肉意大利面+中卷凉拌水果沙拉

总计／热量 549.1 千卡、碳水化合物 66.9 克、蛋白质 30 克、油脂 22.2 克

DAY

1

减糖瘦肚餐

约 200 克糖

材料

- 青酱适量
- 意大利面 50 克
- 鸡腿肉 40 克
- 番茄 40 克
- 芝士丝 15 克
- 洋葱 15 克
- 蒜末少许
- 玉米笋 30 克
- 橄榄油 5 克
- 墨鱼 60 克
- 绿芦笋 100 克
- 百香果 1 个
- 番石榴半个
- 日式芝麻酱 10 克

做法

青酱鸡肉意大利面

1. 将番茄、鸡肉、玉米笋切成小块，洋葱切丝备用。
2. 热油锅放入蒜末及洋葱爆香，接着放入番茄、鸡肉、玉米笋拌炒，待鸡肉炒至八分熟，放入意大利面及青酱。
3. 起锅前撒上芝士丝即完成。

中卷凉拌水果沙拉

1. 将墨鱼、芦笋洗净，焯水后切段，番石榴切成适口大小。
2. 将食材全部放入碗中，淋上百香果及芝麻酱即可。

晚餐

日式烤鸡腿香菇炊饭+绿葡萄

总计／热量 407.7 千卡、碳水化合物 51.8 克、蛋白质 22.2 克、油脂 16.1 克

DAY
1
减糖瘦肚餐
约 200 克糖

材料

- 糙米饭（软）80 克
- 鸡腿肉 80 克
- 蟹味菇 50 克
- 秀珍菇 50 克
- 菜花 100 克
- 白芝麻（熟）5 克
- 杏仁片（熟）7 克
- 绿葡萄 13 颗

做法

日式烤鸡腿香菇炊饭

1. 糙米提前一小时泡水后放入电饭煲做熟。
2. 鸡肉切块，蔬菜洗净切段，拌入糙米，加入适量酱油、盐调味，然后盛入碗中撒上芝麻及杏仁片即完成。

早餐

香蕉燕麦粥+油醋生菜蛋沙拉

总计／热量 512.7 千卡、碳水化合物 69 克、蛋白质 23.1 克、油脂 19.3 克

DAY
2
减糖瘦肚餐
约 200 克糖

材料

- 燕麦（干）40 克
- 香蕉 1.5 根
- 低脂鲜奶 240 毫升
- 开心果 4 ~ 5 颗

- 圆生菜 100 克
- 鸡蛋 1 个
- 橄榄油 5 克
- 红醋 5 克

做法

香蕉燕麦粥

1. 将燕麦放水煮至熟后捞起，将香蕉切片备用。
2. 燕麦中加入低脂鲜奶、开心果，放入果汁机搅打均匀，最后铺上香蕉片即完成。

油醋生菜蛋沙拉

1. 圆生菜洗净，鸡蛋水煮备用。
2. 将上述食材放入碗中，淋上橄榄油及红醋即可。

午餐

日式芝士饭+山药味噌汤+苹果

总计／热量 587.9 千卡、碳水化合物 70.3 克、蛋白质 28.6 克、油脂 24.5 克

DAY

2

减糖瘦肚餐

约200克糖

材料

- 五谷米饭（软）80克
- 鸡蛋1个
- 鸡腿肉40克
- 洋葱50克
- 香菇50克
- 芝士丝25克
- 大豆油7.5克

- 山药40克
- 圆白菜50克
- 金针菇50克
- 味噌适量

- 苹果1个

做法

日式芝士饭

1. 将鸡肉、洋葱、香菇洗净，切块切丝。
2. 起油锅放入洋葱及香菇爆香，加入鸡肉拌炒。
3. 最后加入打散的蛋液及芝士丝，起锅铺在饭上即完成。

山药味噌汤

1. 山药洗净去皮切块，放入味噌汤小火炖煮。
2. 最后加入圆白菜及金针菇煮熟即完成。

晚餐

什锦锅烧面+红心火龙果

总计／热量 465.2 千卡、碳水化合物 68.1 克、蛋白质 26.6 克、油脂 12.4 克

DAY
2
减糖瘦肚餐
约 200 克糖

材料

- 乌冬面 180 克
- 青菜 100 克
- 秀珍菇 50 克
- 金针菇 50 克
- 蟹脚肉（或虾、透抽等海鲜）40 克
- 鸡腿肉 40 克
- 白芝麻油 5 克
- 黑芝麻（熟）5 克
- 盐、酱油、醋等各适量

- 红心火龙果 1 个

做法

什锦锅烧面

1. 将青菜、菇类洗净，鸡肉切块，放入锅中一同煮。
2. 加入乌冬面及蟹脚肉。
3. 起锅前按自身喜好进行调味，最后撒上些许黑芝麻即完成。

早餐

西葫芦蛋饼+木瓜坚果牛奶

总计／热量 514.1 千卡、碳水化合物 62.5 克、蛋白质 26.1 克、油脂 20.7 克

DAY

3

减糖瘦肚餐

约200克糖

材料

- 西葫芦100克
- 养生麦粉40克
- 鸡蛋1个
- 大豆油5克

- 低脂鲜奶240毫升
- 木瓜180克
- 原味腰果4～5颗

做法

西葫芦蛋饼

1. 将麦粉与蛋液混合均匀，西葫芦洗净切薄片。
2. 起油锅后先放入混合好的麦粉，待饼皮煎至稍微成形后，铺上西葫芦片。
3. 煎至表面金黄后即可卷起，起锅切段。

木瓜坚果牛奶

1. 木瓜洗净切块。
2. 将木瓜、鲜奶、腰果放入果汁机，均匀打散即可。

午餐

虾仁番茄蛋炒饭+蜂蜜水果酸奶

总计／热量 602.6 千卡、碳水化合物 94.6 克、蛋白质 21.4 克、油脂 17.3 克

DAY
3
减糖瘦肚餐
约200克糖

材料

- 五谷米饭40克
- 番茄50克
- 玉米笋50克
- 圆白菜50克
- 青葱20克
- 洋葱30克
- 虾仁50克
- 鸡蛋1个
- 大豆油7.5克
- 酸奶（无糖）100克
- 蜂蜜（春蜜）10克
- 猕猴桃50克
- 蓝莓30克
- 蔓越莓30克

做法

虾仁番茄蛋炒饭

1. 虾仁切块，番茄、玉米笋切丁，青葱、洋葱切末，圆白菜切丝，鸡蛋加盐打散。
2. 起油锅，倒入蛋液炒至凝固盛出。
3. 续原锅，放入虾仁煎至转红取出。
4. 倒入米饭、鸡蛋及其他配料炒匀。
5. 加入葱花，最后可根据自身口味加入盐及白胡椒粉调味，然后关火盛出即可。

蜂蜜水果酸奶

1. 将猕猴桃去皮切块。
2. 猕猴桃、蓝莓、蔓越莓拌入无糖酸奶中。
3. 淋上蜂蜜即完成。

晚餐

清炒蛤蜊意大利面+番石榴

总计／热量 553.2 千卡、碳水化合物 65.7 克、蛋白质 29.4 克、油脂 25.5 克

DAY
3
减糖瘦肚餐
约200克糖

材料

- 意大利面 40 克
- 蛤蜊 160 克
- 蒜末 20 克
- 红甜椒 50 克
- 黄甜椒 50 克
- 口蘑 50 克
- 玉米笋 30 克
- 培根 40 克
- 橄榄油 5 克
- 杏仁片（熟）7 克

- 番石榴 1 个

做法

清炒蛤蜊意大利面

1. 起油锅加入蒜末、培根拌炒。
2. 放入蛤蜊后，将蛤蜊炒至壳打开。
3. 放入意大利面拌炒，随后加入甜椒、口蘑、玉米笋。
4. 起锅后放入些许杏仁片拌匀即可盛盘。

早餐

南瓜蔬菜猪肉粥+水果酸奶沙拉

总计／热量 561 千卡、碳水化合物 84.4 克、蛋白质 21.4 克、油脂 18.5 克

DAY

4

减糖瘦肚餐

约 200 克糖

材料

- 南瓜 85 克
- 五谷米饭（软）40 克
- 圆白菜 50 克
- 胡萝卜 50 克
- 猪里脊肉 35 克
- 黑芝麻（熟）10 克

- 酸奶（无糖）210 克
- 红心火龙果 55 克
- 小番茄（红）110 克
- 香瓜半个

做法

南瓜蔬菜猪肉粥

1. 将南瓜切块后放入电饭煲内，用水煮沸。
2. 将圆白菜、胡萝卜洗净切丝，猪里脊切段。
3. 将所有食材与米饭加水放入电饭煲中再煮一次。
4. 起锅盛碗即完成。

水果酸奶沙拉

1. 将火龙果、香瓜去皮切块。
2. 连同小番茄一同加入无糖酸奶中即完成。

午餐

春卷+香蕉

总计／热量 562.6 千卡、碳水化合物 65.8 克、蛋白质 32.7 克、油脂 23.6 克

DAY

4

减糖瘦肚餐

约 200 克糖

材料

- 春卷皮 60 克
- 韭菜 100 克
- 黄豆芽 50 克
- 黑木耳 50 克
- 鸡蛋 1 个
- 豆腐皮 40 克
- 芝士丝 20 克
- 大豆油 7.5 克

- 香蕉 1 根

做法

春卷

1. 起油锅加入韭菜、黄豆芽、黑木耳以及切段的豆腐皮拌炒，取出备用。
2. 将鸡蛋炒成散蛋状盛出。
3. 将所有食材混合放到铺平的春卷皮上，卷起即完成。

晚餐

奶油海鲜河粉+菠萝

总计／热量 407.7 千卡、碳水化合物 51.8 克、蛋白质 22.2 克、油脂 16.1 克

DAY
4
减糖瘦肚餐
约200克糖

材料

- 鲜奶油20克
- 河粉60克
- 杏鲍菇50克
- 红甜椒50克
- 黄甜椒50克
- 黄瓜50克
- 红肉三文鱼35克
- 墨鱼60克
- 原味葵花子仁10克

- 菠萝120克

做法

奶油海鲜河粉

1. 将杏鲍菇、甜椒、黄瓜切段备用。
2. 三文鱼、墨鱼同样也切块、切段备用，河粉焯水。
3. 热锅加入鲜奶油后放入上述食材均匀拌炒。
4. 最后加入葵花子仁点缀即可。

早餐

蔬菜千张蛋饼+鲜奶茶+苹果

总计／热量 601.3 千卡、碳水化合物 67.2 克、蛋白质 39.9 克、油脂 22.2 克

DAY

5

减糖瘦肚餐

约200克糖

材料

- 千张40克
- 养生麦粉40克
- 圆白菜50克
- 苜蓿芽50克
- 杏仁片(熟)7克
- 大豆油5克

- 低脂鲜奶240毫升
- 红茶茶汤120克

- 苹果150克

做法

蔬菜千张蛋饼

1. 将圆白菜洗净切丝备用。麦粉加水拌匀,起油锅后放入麦粉糊,待煎至稍微成形后放入展平的千张。
2. 煎至表面金黄后,放上圆白菜丝及苜蓿芽,卷起。
3. 最后在饼皮上撒上杏仁片后切段,即可享用。

鲜奶茶

把鲜奶、红茶搅拌均匀即可。

午餐

夏威夷风味比萨+日式三文鱼味噌汤+雪梨

总计／热量 704.5 千卡、碳水化合物 91.6 克、蛋白质 21.9 克、油脂 30.4 克

DAY
5
减糖瘦肚餐
约 200 克糖

材料

- 低筋面粉 60 克
- 菜花 80 克
- 蒜末 10 克
- 九层塔 10 克
- 口蘑 50 克
- 黄瓜 50 克
- 芝士丝 20 克
- 菠萝 55 克
- 培根 40 克
- 橄榄油 7.5 克

- 红肉三文鱼 40 克
- 海带结适量
- 味噌适量

- 大雪梨 1 个

做法

夏威夷风味比萨

1. 低筋面粉加水揉成面团后发酵备用。
2. 待面团发酵完毕，擀成圆饼状并刷上橄榄油。
3. 放上菜花、蒜末、九层塔、口蘑、黄瓜、菠萝、培根。
4. 最后撒上芝士丝后放进烤箱中烘烤至熟。

日式三文鱼味噌汤

将三文鱼切块后，与海带结、味噌一同放入锅中煮熟即可。

晚餐

卦包+牛油果蔬果沙拉

总计／热量 445.9 千卡、碳水化合物 64.6 克、蛋白质 25.8 克、油脂 14.3 克

DAY
5
减糖瘦肚餐
约 200 克糖

材料

- 卦包 60 克
- 猪里脊肉 35 克
- 猪后腿肉 35 克
- 花生粉 13 克
- 圆生菜 100 克
- 紫洋葱 30 克
- 绿芦笋 30 克
- 绿竹笋 40 克
- 蜜枣李 1 颗
- 牛油果 40 克

做法

卦包

1. 将猪里脊肉及后腿肉剁碎，调味后煮熟。
2. 将肉末包入卦包中，并撒上花生粉即可。

牛油果蔬果沙拉

1. 生菜洗净，紫洋葱切丝，绿芦笋切段，绿竹笋去皮切块。
2. 将绿芦笋焯水备用，蜜枣李洗净切块。
3. 挖出牛油果果肉。
4. 最后将上述食材放入同一碗中，拌匀即可。

7日 减糖瘦肚餐

	早餐	午餐	晚餐
DAY 1	**低糖金枪鱼蛋饼+香蕉牛奶+蒜香菜花** 热量 824.3 千卡、 碳水化合物 76.2 克、 蛋白质 45.5 克、 油脂 37.5 克	**牛肉甜椒拌饭+葡萄** 热量 578.1 千卡、 碳水化合物 61.7 克、 蛋白质 32.2 克、 油脂 26.8 克	**奶油三文鱼西葫芦意大利面+番石榴** 热量 403.3 千卡、 碳水化合物 32.8 克、 蛋白质 37.2 克、 油脂 13.7 克
DAY 2	**日式豆皮蔬菜卷+轻食牛油果温沙拉+腰果牛奶** 热量 619.1 千卡、 碳水化合物 43 克、 蛋白质 32.35 克、 油脂 35.3 克	**虾仁番茄蛋炒菜花饭+燕麦坚果酸奶** 热量 677.7 千卡、 碳水化合物 80.7 克、 蛋白质 30 克、 油脂 26.1 克	**萝卜丝凉面佐莎莎酱** 热量 482.9 千卡、 碳水化合物 39.2 克、 蛋白质 26.4 克、 油脂 24.5 克
DAY 3	**花生欧姆蛋吐司+双色菜花沙拉** 热量 863.2 千卡、 碳水化合物 93.5 克、 蛋白质 31.4 克、 油脂 40.4 克	**咖喱芝士鸡肉饭+味噌汤+果汁** 热量 635 千卡、 碳水化合物 61.1 克、 蛋白质 32.4 克、 油脂 29.0 克	**减糖千张比萨** 热量 381 千卡、 碳水化合物 27.2 克、 蛋白质 16.3 克、 油脂 23.0 克
DAY 4	**高钙红薯牛奶坚果饮+番茄牛油果蛋沙拉** 热量 744.7 千卡、 碳水化合物 68.5 克、 蛋白质 72.9 克、 油脂 19.9 克	**蛤蜊野菇炊饭+蜜枣李** 热量 538.8 千卡、 碳水化合物 53.6 克、 蛋白质 36.1 克、 油脂 20 克	**总汇卷饼+西瓜** 热量 453.7 千卡、 碳水化合物 37.3 克、 蛋白质 28.2 克、 油脂 21.3 克
DAY 5	**芝士蔬菜蛋卷+烫青菜+无糖红茶** 热量 547.7 千卡、 碳水化合物 28.4 克、 蛋白质 31.8 克、 油脂 34.1 克	**虾仁佐菜花五谷米炖饭+香蕉芝麻牛奶** 热量 846.5 千卡、 碳水化合物 116.9 克、 蛋白质 36 克、 油脂 26.1 克	**麻香鸡胸西葫芦凉面+猕猴桃** 热量 381.7 千卡、 碳水化合物 24.4 克、 蛋白质 36.6 克、 油脂 15.3 克
DAY 6	**红薯藜麦海鲜沙拉+鲜奶茶** 热量 575.3 千卡、 碳水化合物 52.9 克、 蛋白质 50.2 克、 油脂 18.1 克	**金枪鱼菜花蛋炒饭+莓果酸奶** 热量 662.1 千卡、 碳水化合物 82.1 克、 蛋白质 33.7 克、 油脂 22.1 克	**西葫芦春卷+香煎鸡腿排** 热量 492.8 千卡、 碳水化合物 49.2 克、 蛋白质 30.8 克、 油脂 19.2 克
DAY 7	**香蕉松饼+蜂蜜燕麦奶** 热量 759.4 千卡、 碳水化合物 105.7 克、 蛋白质 29.7 克、 油脂 24.2 克	**XO 酱紫苏炒饭+焗烤白菜** 热量 705.2 千卡、 碳水化合物 36.3 克、 蛋白质 42.8 克、 油脂 43.2 克	**金黄蟹肉西葫芦炒面+西班牙冷汤** 热量 354.6 千卡、 碳水化合物 45.5 克、 蛋白质 18.4 克、 油脂 11.0 克

早餐

低糖金枪鱼蛋饼+香蕉牛奶+蒜香菜花

总计／热量 824.3 千卡、碳水化合物 76.2 克、蛋白质 45.5 克、油脂 37.5 克

DAY

1

减糖瘦肚餐

材料

- 养生麦粉 40 克
- 亚麻籽粉 15 克
- 金枪鱼罐头 15 克
- 鸡蛋 1 个
- 圆白菜 100 克
- 橄榄油 10 克

- 香蕉 1.5 根
- 低脂鲜奶 240 克

- 菜花 100 克
- 橄榄油 8 克
- 盐、蒜末各适量

做法

低糖金枪鱼蛋饼

1. 将麦粉与亚麻籽粉加水，加入打散的蛋液，搅拌均匀。
2. 圆白菜切细丝备用。
3. 加油热锅后放入上述食材，待蛋饼煎到稍微成形后放入金枪鱼即完成。

香蕉牛奶

将香蕉及牛奶放入果汁机，搅打均匀即可。

蒜香菜花

1. 将菜花洗净切成小块，放入热水焯熟。
2. 起锅后加盐、蒜末及橄榄油，拌匀即可。

午餐

牛肉甜椒拌饭+葡萄

总计／热量 578.1 千卡、碳水化合物 61.7 克、蛋白质 32.2 克、油脂 26.8 克

DAY

1

减糖**瘦肚餐**

材料

- 糙米饭 80 克
- 冷冻豆腐 100 克
- 牛后腿肉 40 克
- 洋葱 50 克
- 红甜椒 50 克
- 黄甜椒 50 克
- 口蘑 50 克
- 芝士丝 20 克做法
- 白芝麻（熟）5 克
- 橄榄油 8 克
- 小番茄 8 ~ 9 颗
- 盐适量

- 葡萄 7 ~ 8 颗

做法

牛肉甜椒拌饭

1. 将洋葱、红甜椒、黄甜椒、口蘑、小番茄洗净切块备用，牛肉切块备用。
2. 热锅放油，加入洋葱及牛肉炒至八分熟。
3. 随后放入糙米饭以及其他食材，一起拌炒均匀。
4. 最后加入芝士丝、白芝麻、盐调味，并且混合均匀。

晚餐

奶油三文鱼西葫芦意大利面+番石榴

总计／热量 403.3 千卡、碳水化合物 32.8 克、蛋白质 37.2 克、油脂 13.7 克

DAY
1
减糖**瘦肚餐**

材料

- 西葫芦 100 克
- 意大利面（熟）40 克
- 虾 50 克
- 蛤蜊 160 克
- 三文鱼 35 克
- 橄榄油 10 克
- 鲜奶油 6 克

- 番石榴 1 个

做法

奶油三文鱼西葫芦意大利面

1. 将西葫芦切成细薄片，虾洗净，蛤蜊吐沙洗净，三文鱼切块，意大利面煮至熟。
2. 加油热锅后放入所有食材，一起拌炒均匀即完成。

早餐

日式豆皮蔬菜卷+轻食牛油果温沙拉+腰果牛奶

总计／热量 619.1 千卡、碳水化合物 43 克、蛋白质 32.35 克、油脂 35.3 克

DAY

2

减糖瘦肚餐

材料

- 豆腐皮 60 克
- 培根 20 克
- 圆白菜 50 克
- 胡萝卜 30 克
- 苜蓿芽 20 克
- 黄瓜 50 克
- 苹果半个
- 牛油果 100 克
- 巴萨米克醋 10 克
- 橄榄油 10 克

- 南瓜 170 克
- 玉米 50 克
- 低脂鲜奶 240 克
- 腰果 10 克

做法

日式豆皮蔬菜卷

1. 将培根、胡萝卜、圆白菜煮熟切丝备用。
2. 将所有食材放到豆皮上，包起来即可完成。

轻食牛油果温沙拉

1. 将黄瓜、玉米、南瓜焯水，切小块。
2. 将苹果、牛油果切成适口大小。
3. 将所有食材放入碗中，加入橄榄油、巴萨米克醋拌匀即可。

腰果牛奶

将腰果和牛奶放入果汁机中，搅打均匀即可。

午餐

虾仁番茄蛋炒菜花饭+燕麦坚果酸奶

总计／热量 677.7 千卡、碳水化合物 80.7 克、蛋白质 30 克、油脂 26.1 克

DAY

2

减糖瘦肚餐

材料

- 菜花 100 克
- 洋葱 30 克
- 番茄 50 克
- 葱花 10 克
- 蒜末 10 克
- 鸡蛋 1 个
- 虾仁 100 克
- 橄榄油 8 克

- 燕麦 40 克
- 开心果 10 克
- 蓝莓 30 克
- 蔓越莓 30 克
- 无糖酸奶 105 克

做法

虾仁番茄蛋炒菜花饭

1. 将番茄切块、菜花切碎备用。
2. 热锅加入洋葱、蒜末爆香。
3. 将所有食材放入锅中拌炒。
4. 最后撒上葱花即完成。

燕麦坚果酸奶

燕麦放入水中煮至熟后，将所有食材放入碗中，加入无糖酸奶即可。

晚餐

萝卜丝凉面佐莎莎酱

总计／热量 482.9 千卡、碳水化合物 39.2 克、蛋白质 26.4 克、油脂 24.5 克

DAY

2

减糖**瘦肚餐**

材料

- 白萝卜 100 克
- 意大利面 30 克
- 小番茄 200 克
- 鸡胸肉 60 克
- 鸡蛋 1 个
- 柠檬汁 10 克

莎莎酱

- 醋 1 匙
- 橄榄油 15 克
- 黑胡椒粉适量

做法

萝卜丝凉面佐莎莎酱

1. 小番茄对半切备用，将白萝卜切丝，将萝卜丝、意大利面煮熟。
2. 热锅加油，将鸡胸肉及鸡蛋放入调味料拌炒。
3. 将上述食材放入碗中后，再放入小番茄，最后加入酱汁搅拌均匀即可。

早餐

花生欧姆蛋吐司+双色菜花沙拉

总计／热量 863.2 千卡、碳水化合物 93.5 克、蛋白质 31.4 克、油脂 40.4 克

DAY

3

减糖**瘦肚餐**

材料

- 花生酱 1 小匙
- 全麦吐司 50 克
- 鸡蛋 1 个
- 培根半条
- 橄榄油 10 克

- 西兰花 50 克
- 菜花 50 克
- 紫洋葱 50 克
- 胡萝卜 50 克
- 小番茄 50 克
- 百香果 70 克
- 无糖酸奶 200 克

做法

花生欧姆蛋吐司

1. 将鸡蛋及培根煎熟。
2. 吐司烤热，抹上花生酱，并放上荷包蛋及培根即完成。

双色菜花沙拉

1. 将西兰花、菜花、胡萝卜焯水备用。
2. 将所有食材分别切成适口大小并放入碗中，加入百香果、无糖酸奶拌匀后即完成。

午餐

咖喱芝士鸡肉饭+味噌汤+果汁

总计／热量 635 千卡、碳水化合物 61.1 克、蛋白质 32.4 克、油脂 29.0 克

DAY

3

减糖瘦肚餐

材料

- 咖喱块 15 克
- 鸡腿肉 35 克
- 菜花 160 克
- 土豆 40 克
- 胡萝卜 50 克
- 洋葱 50 克
- 草菇 50 克
- 橄榄油 8 克

- 味噌 5 克
- 嫩豆腐 140 克
- 鲷鱼片（生）35 克
- 圆白菜 50 克

- 苹果半个
- 菠萝 50 克
- 芹菜 100 克
- 亚麻籽粉 15 克

做法

咖喱芝士鸡肉饭

1. 将菜花切成小碎块备用，其他食材洗净切小块备用。
2. 热锅后加油放入洋葱块、土豆块、胡萝卜块及草菇块拌炒，随后加入鸡腿肉一起炒至表面金黄。
3. 加入适量的水及咖喱块，熬煮成浓稠状。将菜花米炒热后，淋上咖喱酱即完成。

味噌汤

1. 嫩豆腐切小块，圆白菜切丝备用。
2. 加入适量的水、味噌及所有食材煮沸即可。

果汁

将所有水果及芹菜切块，放入果汁机，加入适量水以及亚麻籽粉，搅打均匀即可。

晚餐

减糖千张比萨

总计／热量 381 千卡、碳水化合物 27.2 克、蛋白质 16.3 克、油脂 23.0 克

DAY

3

减糖**瘦肚餐**

材料

- 千张 2 片
- 鸡腿肉 40 克
- 口蘑 50 克
- 洋葱 50 克
- 番茄 50 克
- 玉米粒（熟）85 克
- 牛油果 20 克
- 橄榄油 15 克

做法

减糖千张比萨

1. 口蘑对切，番茄、牛油果切片，鸡肉切丁备用。
2. 热油锅将洋葱爆香，接着加入玉米粒拌炒，再放入鸡丁、口蘑一起炒。
3. 将千张平铺在平底锅底部后，放入炒香的食材，接着撒上牛油果、番茄，放入烤箱烤熟即可。

早餐

高钙红薯牛奶坚果饮+番茄牛油果蛋沙拉

总计/热量 744.7 千卡、碳水化合物 68.5 克、蛋白质 72.9 克、油脂 19.9 克

DAY

4

减糖瘦肚餐

材料

- 红薯 110 克
- 低脂鲜奶 240 克
- 原味腰果 5 颗
- 小鱼干 5 克

- 番茄 100 克
- 紫洋葱 50 克
- 黄瓜 50 克
- 鸡蛋 1 个
- 牛油果（绿皮）40 克
- 菠萝 50 克
- 苹果 65 克
- 蓝莓 30 克
- 橄榄油 5 克

做法

高钙红薯牛奶坚果饮

1. 将红薯蒸熟切块。
2. 将红薯与鲜奶、腰果一同放入果汁机搅打均匀。
3. 完成后倒入碗中，撒上小鱼干即可完成。

番茄牛油果蛋沙拉

1. 将番茄、黄瓜、紫洋葱洗净后切片、切段、切丝备用，鸡蛋煮熟去壳切块备用。
2. 将水果切为适口大小。
3. 将以上食材放入碗中后淋上橄榄油即可。

午餐

蛤蜊野菇炊饭+蜜枣李

总计／热量 538.8 千卡、碳水化合物 53.6 克、蛋白质 36.1 克、油脂 20 克

DAY
4
减糖瘦肚餐

材料

- 糙米饭（软）80克
- 蛤蜊 160克
- 鸡腿肉 40克
- 虾米 10克
- 胡萝卜 50克
- 青菜 50克
- 玉米笋 50克
- 口蘑 50克
- 橄榄油 8克
- 芝士丝 15克
- 黑芝麻（熟）5克

- 蜜枣李 100克

做法

蛤蜊野菇炊饭

1. 将胡萝卜、青菜、玉米笋、口蘑洗净切丝、切块、切片备用，鸡腿肉切块备用。
2. 热油锅放入虾米爆香后，将上述食材以及蛤蜊及鸡肉一起拌炒。
3. 将蛤蜊肉取出，并将以上食材与熟糙米饭拌匀后，放入电饭煲蒸煮一次。
4. 最后起锅撒上芝士丝及黑芝麻，拌匀即可享用。

晚餐

总汇卷饼+西瓜

总计／热量 453.7 千卡、碳水化合物 37.3 克、蛋白质 28.2 克、油脂 21.3 克

材料

- 养生麦粉 2 匙
- 圆白菜 50 克
- 苜蓿芽 50 克
- 鸡蛋 2 个
- 切片火腿（猪肉）45 克
- 橄榄油 8 克

- 西瓜（红肉小瓜）180 克

做法

总汇卷饼

1. 将圆白菜切丝备用，将麦粉及鸡蛋搅打均匀。
2. 热油锅加入麦粉糊。
3. 待饼皮煎至成形后，放上圆白菜丝、苜蓿芽以及火腿，包裹起来后即完成。

早餐

芝士蔬菜蛋卷+烫青菜+无糖红茶

总计／热量 547.7 千卡、碳水化合物 28.4 克、蛋白质 31.8 克、油脂 34.1 克

DAY

5

减糖**瘦肚餐**

材料

- 鸡蛋 1 个
- 低脂鲜奶 240 克
- 芝士片 2 片
- 小白菜 50 克
- 黑木耳 50 克
- 切片火腿（猪肉）20 克
- 原味葵花子仁 10 克
- 橄榄油 10 克
- 红薯叶 100 克
- 盐适量
- 红茶茶汤 360 克

做法

芝士蔬菜蛋卷

1. 将鸡蛋及牛奶搅打均匀。
2. 热油锅，放入切丝的小白菜、黑木耳、火腿。
3. 随后放上芝士片一起包裹起来。
4. 起锅之后在蛋卷上撒上葵花子仁点缀后即完成。

烫青菜

1. 将红薯叶洗净焯水，捞出。
2. 加入盐调味拌匀即可。

无糖红茶

无糖红茶茶汤直接饮用即可。

午餐

虾仁佐菜花五谷米炖饭+香蕉芝麻牛奶

总计／热量 846.5 千卡、碳水化合物 116.9 克、蛋白质 36 克、油脂 26.1 克

材料

- 五谷米饭（软）80克
- 菜花100克
- 虾仁3只
- 虾米15克
- 墨鱼丸80克
- 洋葱30克
- 蒜20克
- 红甜椒80克
- 黄甜椒80克
- 橄榄油5克

- 香蕉1根
- 低脂鲜奶120克
- 黑芝麻（熟）15克

做法

虾仁佐菜花五谷米炖饭

1. 将菜花切碎后与五谷米饭拌匀，将蒜切末，洋葱、甜椒、墨鱼丸切块备用。
2. 热油锅加入蒜末、洋葱及虾米爆香，接着放入虾仁、切丁的墨鱼丸拌炒，随后再加入甜椒一起拌炒。
3. 最后将上述食材与菜花饭拌匀后，放入电饭锅中蒸煮即可。

香蕉芝麻牛奶

将香蕉切段后放入果汁机，与鲜奶、黑芝麻一起搅打均匀即可。

晚餐

麻香鸡胸西葫芦凉面+猕猴桃

总计／热量 381.7 千卡、碳水化合物 24.4 克、蛋白质 36.6 克、油脂 15.3 克

DAY
5
减糖**瘦肚餐**

材料

- 西葫芦 1 根
- 黄瓜 1 根
- 胡萝卜 30 克
- 鸡胸肉 100 克
- 鸡蛋 1 个
- 香油 5 克
- 酱油 10 克
- 白醋 5 克
- 盐适量

- 猕猴桃 1 个

做法

麻香鸡胸西葫芦凉面

1. 将黄瓜及胡萝卜切丝焯水备用。西葫芦切成丝后放进碗里撒上少许盐，静待 30 分钟，等待西葫芦出水挤干后，焯水冷却备用。
2. 将鸡胸肉、鸡蛋分别煮熟备用，将香油、酱油、白醋混合均匀备用。
3. 最后将黄瓜、胡萝卜、西葫芦面拌匀后，放上鸡肉、水煮蛋，淋上酱汁即完成。

早餐

红薯藜麦海鲜沙拉+鲜奶茶

总计／热量 575.3 千卡、碳水化合物 52.9 克、蛋白质 50.2 克、油脂 18.1 克

DAY

6

减糖**瘦肚餐**

材料

- 红薯 1 个
- 藜麦 20 克
- 鱿鱼圈 1 只
- 虾 3 只
- 番茄 5 个
- 百香果 1 个
- 橄榄油 10 克
- 苹果醋 5 克

- 红茶 120 克
- 低脂鲜奶 240 克

做法

红薯藜麦海鲜沙拉

1. 将红薯及藜麦一起放入电饭煲中煮成饭，将虾、鱿鱼圈烫熟，水果切成适口大小。
2. 将以上食材一同放入碗中拌匀，淋上百香果及苹果醋即可。

鲜奶茶

将红茶、低脂鲜奶搅拌均匀即完成。

午餐

金枪鱼菜花蛋炒饭+莓果酸奶

总计／热量 662.1 千卡、碳水化合物 82.1 克、蛋白质 33.7 克、油脂 22.1 克

DAY

6

减糖瘦肚餐

材料

- 胚芽粳米 40 克
- 菜花 100 克
- 鸡蛋 1 个
- 金枪鱼肚（或三文鱼）60 克
- 美白菇 50 克
- 蟹味菇 50 克
- 橄榄油 8 克

- 酸奶（无糖）100 克
- 原味腰果 5 颗
- 蓝莓 30 克
- 蔓越莓 30 克

做法

金枪鱼菜花蛋炒饭

1. 将胚芽米先蒸煮至熟，菜花洗净切碎，将米饭与菜花混合拌匀。
2. 将金枪鱼、美白菇、蟹味菇切块备用。
3. 起油锅先将鸡蛋炒碎，再把所有食材下锅拌炒至熟即可。

莓果酸奶

1. 将蓝莓、蔓越莓洗净放在无糖酸奶中。
2. 最后放上腰果即可。

晚餐

西葫芦春卷＋香煎鸡腿排

总计／热量 492.8 千卡、碳水化合物 49.2 克、蛋白质 30.8 克、油脂 19.2 克

材料

- 春卷皮 2 张
- 西葫芦 100 克
- 小番茄 10 颗
- 葡萄干 4 ~ 5 粒
- 鸡腿 120 克
- 橄榄油 8 克
- 迷迭香粉适量

做法

西葫芦春卷

1. 将春卷皮蒸熟，西葫芦切丝，焯水捞出。
2. 将西葫芦、小番茄及葡萄干包入春卷皮中即可。

香煎鸡腿排

起油锅后将鸡肉放入，煎至表面金黄后，撒上迷迭香粉。

早餐

香蕉松饼+蜂蜜燕麦奶

总计／热量 759.4 千卡、碳水化合物 105.7 克、蛋白质 29.7 克、油脂 24.2 克

DAY
7
减糖瘦肚餐

材料

- 低筋面粉 40 克
- 鸡蛋 1 个
- 香蕉 1 根
- 奶油 12 克

- 燕麦片 30 克
- 低脂鲜奶 480 毫升
- 蜂蜜 10 克

做法

香蕉松饼

1. 将面粉、鸡蛋、香蕉泥混合打匀。
2. 热锅加奶油，然后倒入面糊，煎至两面上色即可。

蜂蜜燕麦奶

将燕麦片、低脂鲜奶及蜂蜜加入果汁机，搅打均匀即可。

午餐

XO 酱紫苏炒饭＋焗烤白菜

总计／热量 705.2 千卡、碳水化合物 36.3 克、蛋白质 42.8 克、油脂 43.2 克

DAY

7

减糖**瘦肚餐**

材料

- 五谷米饭（软）80克
- 金针菇50克
- 青菜50克
- 鸡胸肉80克
- 紫苏10克
- 鸡蛋1个
- 橄榄油5克
- 干贝酱10克
- 芝士丝40克
- 包心白菜100克
- 白芝麻（熟）5克
- 奶油（固态、加盐）15克

做法

XO酱紫苏炒饭

1. 将五谷米饭蒸熟，青菜洗净后切段，鸡肉切块备用。
2. 起油锅后将以上食材加入拌炒。
3. 起锅前加入紫苏、蛋液及干贝酱，翻炒至熟。

焗烤白菜

1. 烤盘上先抹上奶油，将包心白菜洗净后放入烤盘中。
2. 铺上芝士丝、撒上白芝麻后，放入烤箱中烤熟即完成。

晚餐

金黄蟹肉西葫芦炒面+西班牙冷汤

总计／热量 354.6 千卡、碳水化合物 45.5 克、蛋白质 18.4 克、油脂 11.0 克

DAY

7

减糖瘦肚餐

材料

- 蟹脚肉 80 克
- 菠萝 70 克
- 南瓜 80 克
- 西葫芦 1 个
- 蒜 3 瓣
- 橄榄油 5 克
- 盐、胡椒粉各适量

- 番茄 200 克
- 黄瓜 50 克
- 黄甜椒 80 克
- 蒜 2 瓣
- 橄榄油 5 克
- 盐、黑胡椒粉各适量

做法

金黄蟹肉西葫芦炒面

1. 将蟹脚肉及南瓜焯水至熟，将南瓜、菠萝切成适口大小，西葫芦切成条，蒜瓣切成片备用。
2. 热锅加油，放入蒜片及菠萝炒至微上色，后加入南瓜炒香，最后加入蟹脚、西葫芦炒匀，起锅前撒上少许盐、胡椒粉调味即可。

西班牙冷汤

将番茄、黄瓜、甜椒切成小丁，与蒜瓣、橄榄油一起加入果汁机中，搅打均匀，最后撒上盐与黑胡椒粉调味即可。

小叮咛

查看
你想了解的食品！

常见食物营养成分含量表

五谷杂粮

注：以下表中数据是指每 100 克食物的营养成分含量。

	糖（克）	蛋白质（克）	脂肪（克）	维生素						矿物质				膳食纤维（克）	热量（千卡）
				A（微克）	E（毫克）	C（毫克）	叶酸（微克）	B_6（毫克）	B_{12}（毫克）	钙（微克）	铁（毫克）	钾（毫克）	锌（毫克）		
大米	76.3	7.3	0.3		0.49	7.3	2.2	1.5	19.1	7	1.5	103	1.1	0.8	337
小米	76	9.7	3.5	12	4.1		33	0.45	68.5	29	4.7	285	3.7	1.7	374
小麦	78	12	1.5	15	0.8		7.2	0.4	18.6	16.8	2.8	133	0.7	0.2	373.5
玉米	72.2	8.5	4.3	54	2.1	9.2	17	0.35	16.7	22	1.6	244	1.5	9.8	361.5
大豆	25.3	43.2	17.5	33.2	19.2		276	0.7		367	11	1930	4.5	4.6	429.5
绿豆	58.9	22	0.7	68	15.5	3.4	121	0.7		155	6.3	1825	3.65	5	329.9
山药	14.4	1.7		2.6	0.5	8	13	0.18		16	0.8	473	0.62	0.6	64.4
莲子	61.8	16.6	2		3.9	3.8				120	4.9	2057	2.51	2.8	331.6
花生	5.2	27.6	50	5.4	3.84	9.8	70.2	0.81		7.6	3.9	674	2.33	6.8	581.2
核桃	10	13.8	59	7.6	57		87.3	0.52		72.5	2.8	467	3.52	8	626.2
葵花	19.4	19	48.6	1.2	24		2.67	1.8		107	7.3	615	5.2	4.4	591
红薯	29.5	1.8	0.2	27	2.9	33	54	0.7		18	0.4	6.8	0.18	0.9	127
燕麦	61.8	14.2	6.4	388	3.99		20.8	0.9	56.8	177	9	324	2.93	5.1	361.6
薏米	79.2	12.3	4.55	550	2		19.7	0.22	143	45	4.53	252	1.27	1.8	406.9

蔬菜

注：以下表中数据是指每 100 克食物的营养成分含量。

	糖（克）	蛋白质（克）	脂肪（克）	维生素						矿物质				膳食纤维（克）	热量（千卡）
				A（微克）	E（毫克）	C（毫克）	叶酸（微克）	B_6（毫克）	B_{12}（毫克）	钙（微克）	铁（毫克）	钾（毫克）	锌（毫克）		
土豆	16.4	3.3	0.1	4.3	0.57	12	23.6	0.39		10	1	309	0.26	0.4	79.7
冬瓜	1.98	0.45		11.5	0.33	19.8	29.7	0.7	0.08	20	0.4	152	0.6	0.6	18.3
白菜	2.05	1	0.08	70	0.77	7.4	74	0.15		22	1	96	0.92	1.4	13
黑木耳	65.7	10.4	0.18	15.7	13.8	5.6	79.1	0.5	5.2	357	185	733	1.85	7	306
茄子	3	2.3	0.2	58	1.28	7.2	23	0.11		20	0.8	168	0.49	1.2	23
青椒	4.3	2.2	0.4	169	192	185	43.8	2.3		10.4	0.71	297.7	0.25	2.1	29.6
南瓜	10.3	0.6	0.1	132	0.54	5	73	0.33		13	1.1	216	0.22	0.7	44.5
丝瓜	4.1	1.4	0.15	12.3	0.37	7.4	77	0.18		26	0.7	126	0.35	0.5	23.4
南瓜	10.3	0.6	0.1	132	0.54	5	73	0.33		13	1.1	216	0.22	0.7	44.5
苦瓜	3.2	0.8	0.1	9.6	1.3	113	77	0.11		3.5	1.1	179	0.6	1.2	16.9
黄瓜	3.1	0.9	0.2	22	0.91	15	27	0.9		15	0.4	107	0.39	0.6	13.8
百合	28.1	4.1	0.2		0.9	7.8	68.2	0.35		8.1	2.3	786	3.7	5.3	131
竹笋	6.2	4	0.1	3.2	1.8	7	50	0.26		30.2	4.2	432	0.85	0.9	41.7
芹菜	1.4	1.6		7.2	1.1	29	33	0.24		91	10.3	123	0.6	0.4	12
洋葱	8	1.8		2.9	0.38	6.3	21	0.92		40	1.8	162	0.77	0.8	39
菠菜	2.8	2.1	0.2	22	1.9	39	120	0.84		22	1.4	152	0.6	1.4	21

蔬菜

注：以下表中数据是指每 100 克食物的营养成分含量。

	糖（克）	蛋白质（克）	脂肪（克）	维生素						矿物质				膳食纤维（克）	热量（千卡）
				A（微克）	E（毫克）	C（毫克）	叶酸（微克）	B_6（毫克）	B_{12}（毫克）	钙（微克）	铁（毫克）	钾（毫克）	锌（毫克）		
萝卜	4.6	0.8			1.3	27	59	0.18		55	0.5	187	0.6	0.4	21.6
藕	17	0.9	0.1	2.6	0.88	22				27	6.3	450	0.56	0.48	72.5
豆芽	7	11.4	2.1	3.84	1.34	17	48.2	0.14		52	1.8	150	0.9	1	92.5
莴笋	2.3	0.6	0.1	22	0.5	3.8	131	0.12		7	2	302	0.6	0.8	12.5
空心菜	4.6	2.4	0.2	217	2.1	28	113	0.35		108	1.4	250	0.52	1.6	29.8
番茄	3.6	0.75	0.35	88.7	0.52	7.6	27.3	0.13		8	0.4	250	0.28	0.2	20.6
黄花菜	62.4	14.1	1.2	297	7.3	17	42	0.15		785	9.3	543	4.22	8.7	316.8
四季豆	5.6	2.2	0.2	92	0.96	7.38	42.6	0.08		47	3.7	183	0.71	1.8	33
胡萝卜	8.3	0.7	0.3	830	1.1	35	22	0.33		73	10.6	198	0.37	1.3	38.7
韭菜	4.1	2.4	0.5	1223	6.5	39		0.7		56	1.6	311	1.6	1.6	30.5
茭白	9.8	2.9	0.3	4.2	1.22	6	55	0.26		4	0.7	230	0.6	2.5	53.5
芋头	19.7	2.3	0.1	21.4	1.28	7.5	44.1	0.37		19	3.9	322	0.72	1.2	88.9
香菜	7.2	1.9	0.3	38.8	1.6	41	22	0.09	1.32	170	5.6	593	0.65	3.7	39.1
大蒜	8.1	0.8	0.2	55	0.99	32.7				18	1	207	0.7	1.3	37.4
大葱	4.1	1.2	0.3	17.8	0.42	10.5	60.7	0.38		15.9	1.34	194	1.76	1.7	23.9
生姜	11.7	1.4	1.4	27.1	0.34	5.07	7.62	0.24		47	7	400	0.51	2.3	66

水果

注：以下表中数据是指每 100 克食物的营养成分含量。

	糖（克）	蛋白质（克）	脂肪（克）	维生素						矿物质				膳食纤维（克）	热量（千卡）
				A（微克）	E（毫克）	C（毫克）	叶酸（微克）	B_6（毫克）	B_{12}（毫克）	钙（微克）	铁（毫克）	钾（毫克）	锌（毫克）		
苹果	14.8	0.4	0.5	99.2	1.82	6	6.07	0.09		12.7	0.63	3.1	0.13	0.3	65.3
梨	14.2	0.1	0.1	97.2	1.52	5.6	8.3	0.09		5	0.2	118	0.4	2.2	58
桃子	11.1	0.8	0.1	2.39	0.92	6	4.32	0.08		8	0.81	151	0.32	0.6	48.5
李子	8.8	0.7	0.25	23.7	0.81	5.4	43	0.06	2.95	7.6	0.73	152	0.22	0.65	40.3
柿子	14.6	0.4	0.15	21.4	1.3	4.5	21	0.11		147	0.8	157	0.13	1.6	61.4
橘子	12.1	1	0.3	63.3	1.67	42	21.9	0.06		60	1.05	138	0.29	1.7	55.1
葡萄	10.9	0.6	0.5	4.2	0.52	6.7	5.1	0.11		15	0.5	135	0.1	1.6	50.5
香蕉	23	1.3	0.2	58.2	0.28	11	20.1	0.44		8	0.3	325	0.24	0.6	99
大枣	28	2.45	0.4	2.31	0.22	437	132	0.19		71.2	2.4	261.5	1.71	2.32	125.5
芒果	6.9	0.6	0.2	1320	1.34	27.3	87	0.21		206	4.3	145	0.15	1.3	31.8
西瓜	4.2	1.3		173	0.16	3	2.87	0.12		0.6	0.17	134	0.07	0.3	22
草莓	4.9	1.3	2.1	1.83	0.51	51	99	0.19		25	1.75	182	0.23	1.4	43.7
菠萝	9	0.4	0.3	31.2		36	15.2	0.13		16.3	1.02	154	0.17	0.3	40.3
柠檬	4.9	1.1	1.2	3.6	2.08	22	37	0.19		112	1.28	201	0.93	1.4	34.8
哈密瓜	7.5	0.6	0.2	146	0.53	36.7	28.6	0.35		5.8	0.9	182	0.52	0.25	34.2
猕猴桃	13	0.9	1.5	58.8	1.26	85	39	0.37		56.1	0.9	10.3	0.44	2.1	69.1
木瓜	5.9	0.53	0.17	138	0.37	47.6	43.2	0.03		16.4	0.7	18.5	0.36	0.65	27.3

肉、蛋、水产及其他

注：以下表中数据是指每 100 克食物的营养成分含量。

	糖（克）	蛋白质（克）	脂肪（克）	维生素						矿物质				胆固醇（毫克）	热量（千卡）
				A（微克）	E（毫克）	C（毫克）	叶酸（微克）	B_6（毫克）	B_{12}（毫克）	钙（微克）	铁（毫克）	钾（毫克）	锌（毫克）		
猪肉	3.4	20.5	5.3	14.7	0.2	1.24	0.89	0.45	0.36	8	2.3	350	2.95	69	142.3
猪肝	14.2	12.2	1.3	10479	0.78	31.5	997	0.76	53.7	13	23	321	3.97	309	117.3
牛肉	2.6	20	10.2	2.74	0.37		7.28	0.37	1.02	7	0.9	283	1.18	59	182.2
羊肉	0.1	20	7.3	10.4	0.42	2.51	2.89	0.24	3.46	10	2	230	7.23	95	146.1
鸡肉	0.3	22.3	2.3	43.1	1.77			0.46	2.37	17	2.3	346	1.6	101	111.1
鸭肉	0.34	17	12	51	0.13		1.87	0.45	0.74	6	2.87	230	1.05	107	177.4
鲤鱼	0.3	17.7	10.3	23.4	1.33		4.78	0.13	11.2	117	1.85	345	2.11	83	164.7
鲫鱼	0.1	13	1.1	33.3	0.62	1.08	13.84	0.15	5.36	54	2.5	293	3.02	124	62.3
鲍鱼	3.4	13.5	3.5	25.3	2.12	1.12	22.5	0.11	0.33	253	22.6	129	1.68	238	99.1
黄鳝	0.7	18	0.8	19.8	1.53		1.87	0.45	1.52	40.4	2.2	260	0.67	118	82.7
甲鱼	1.6	16.5	0.1	100	3	2	20	0.19	1.5	107	1.4	142	5.4	95	73.3
蟹	5.9	14	1.6	147	3.01		24.7	0.46	5.3	141	0.8	243	3.54	188	94
虾	0.1	16.4	1.3	19	0.75		25	0.33	2.2	66	1.33	220	2.78	195	77.8
海带	12.1	8	0.1	38.5	0.67		21	0.13		445	4.5	1235	0.88		81.3
牛奶	4.1	3.2	3.4	18	0.34	1.37	6.73	0.08	0.41	110	0.1	118	3.47	37	59.8
花生油	0.6		99		38.2					15	3.02	0.94	7.45		893.4
蜂蜜	74.3	0.6	2.1	46.2		4.25				30.6	0.42	21.6	0.04		318.5